人类发展中的化学

张兴晶 编著

图书在版编目(CIP)数据

人类发展中的化学 / 张兴晶编著. -- 北京：北京大学出版社，2024.10. -- ISBN 978-7-301-35702-6

Ⅰ.O6

中国国家版本馆CIP数据核字第2024Z9M761号

书　　　名	人类发展中的化学
	RENLEI FAZHAN ZHONG DE HUAXUE
著作责任者	张兴晶　编著
责 任 编 辑	王斯宇
标 准 书 号	ISBN 978-7-301-35702-6
出 版 发 行	北京大学出版社
地　　　址	北京市海淀区成府路205号　100871
网　　　址	http://www.pup.cn　新浪微博：@北京大学出版社
电 子 邮 箱	编辑部 lk2@pup.cn　总编室 zpup@pup.cn
电　　　话	邮购部 010-62752015　发行部 010-62750672　编辑部 010-62767347
印 刷 者	北京圣夫亚美印刷有限公司
经 销 者	新华书店
	787毫米×1092毫米　16开本　9印张　230千字
	2024年10月第1版　2024年10月第1次印刷
定　　　价	32.00元

未经许可，不得以任何方式复制或抄袭本书之部分或全部内容。

版权所有，侵权必究

举报电话：010-62752024　电子邮箱：fd@pup.cn

图书如有印装质量问题，请与出版部联系，电话：010-62756370

前　言

化学可以让人们正确了解世界，是一门具有实用性和创造性的学科。西博格说："化学是人类进步的关键。"伍德沃德说："化学在老的自然界旁边又建立了一个新的自然界。"人类从学会用火开始，就没有离开过化学。随着社会的发展和科技的进步，化学学科已经融入科技、社会的方方面面，对人类社会的进步产生了深远的影响。

本书以化学知识为主线，以生活中的化学为载体，通过介绍化学在生活中的作用，来增加读者对化学的兴趣。本书主要内容包括什么是化学、衣食住行中的化学、色彩中的化学、生命运行中的化学、常用能源中的化学、生活环境中的化学等。

本书可作为高等学校的通识教材和青年朋友的科普读物。

在本书编写过程中，参阅和引用了很多参考文献和资料，在此谨向这些参考文献和资料的作者表示诚挚的感谢。

本书由张兴晶和姜维编写。其中第1~5章由张兴晶编写，第6章和附录等由姜维编写。

由于本书内容涉及面广，加之作者水平有限，在编写过程中可能存在一些不完善之处，敬请各位指正。

编　者
2024年10月

目　　录

第一章　什么是化学 ……………………………………………………………（1）
　1.1　化学是研究物质变化的科学 …………………………………………（1）
　1.2　化学是一门实验科学 ……………………………………………………（3）
　1.3　化学与人类发展的关系 …………………………………………………（4）
　1.4　诺贝尔及诺贝尔奖 ………………………………………………………（7）

第二章　衣食住行中的化学 ……………………………………………………（10）
　2.1　衣 ……………………………………………………………………………（10）
　　2.1.1　人造纤维 ……………………………………………………………（10）
　　2.1.2　合成纤维 ……………………………………………………………（12）
　2.2　食 ……………………………………………………………………………（18）
　　2.2.1　化学肥料 ……………………………………………………………（18）
　　2.2.2　化学农药 ……………………………………………………………（24）
　　2.2.3　食品添加剂 …………………………………………………………（30）
　2.3　住 ……………………………………………………………………………（36）
　　2.3.1　硅酸盐材料 …………………………………………………………（36）
　　2.3.2　建筑智能材料 ………………………………………………………（40）
　2.4　行 ……………………………………………………………………………（40）
　　2.4.1　金属材料 ……………………………………………………………（40）
　　2.4.2　金属材料的防腐 ……………………………………………………（43）

第三章　色彩中的化学 …………………………………………………………（45）
　3.1　艳丽的化妆品 ……………………………………………………………（45）
　　3.1.1　化妆品的基质原料 …………………………………………………（45）
　　3.1.2　乳化剂 ………………………………………………………………（47）
　　3.1.3　化妆品的辅助成分 …………………………………………………（48）
　　3.1.4　化妆品的药用和保健成分 …………………………………………（51）
　　3.1.5　皮肤护理 ……………………………………………………………（54）
　　3.1.6　头发护理 ……………………………………………………………（56）
　3.2　多彩的涂料 ………………………………………………………………（60）
　　3.2.1　涂料的组成 …………………………………………………………（60）
　　3.2.2　墙体涂料 ……………………………………………………………（64）
　3.3　烟花 ………………………………………………………………………（65）
　　3.3.1　烟花的主要成分 ……………………………………………………（65）
　　3.3.2　焰色反应及其原理 …………………………………………………（65）

第四章　生命运行中的化学 (67)
4.1　人体中的化学 (67)
4.1.1　人体的化学组成 (67)
4.1.2　人体中的化学反应 (76)
4.2　化学元素在人体中的作用 (77)
4.2.1　金属元素对人体健康的作用和影响 (77)
4.2.2　非金属元素对人体健康的影响 (79)
4.3　维生素对人体的作用 (79)

第五章　常用能源中的化学 (87)
5.1　工业的血液——石油 (88)
5.1.1　石油的基本组成 (88)
5.1.2　石油的分馏 (90)
5.1.3　汽油的辛烷值 (92)
5.1.4　提高汽油辛烷值的方法 (93)
5.1.5　液化石油气 (95)
5.2　工业的粮食——煤炭 (95)
5.2.1　煤炭的形成过程 (95)
5.2.2　煤炭的化学组成 (96)
5.2.3　煤炭的分布 (96)
5.2.4　煤炭的综合利用 (97)
5.3　天然气 (100)
5.4　太阳能 (102)
5.4.1　光热转换 (102)
5.4.2　光电转换 (102)
5.4.3　光化学转换 (104)
5.5　核能 (104)
5.5.1　概述 (104)
5.5.2　原子核裂变 (105)
5.5.3　原子核聚变 (106)

第六章　生活环境中的化学 (108)
6.1　有限的水资源 (108)
6.1.1　水资源概况 (108)
6.1.2　水的净化、纯化和软化 (110)
6.1.3　海水的淡化 (113)
6.1.4　水的污染 (115)
6.2　生活中的大气 (117)
6.2.1　大气层 (117)
6.2.2　大气污染之雾霾 (118)

  6.2.3　大气污染之光化学烟雾 …………………………………………………………（119）
  6.2.4　大气污染之酸雨 ……………………………………………………………………（120）
  6.2.5　大气污染之温室效应 ………………………………………………………………（121）
附录　1901—2022 年诺贝尔化学奖获得者及其获奖成果 ……………………………………（122）
参考文献 ……………………………………………………………………………………………（135）

第一章　什么是化学

　　从人类文明发展的历史可知,人类从用火开始,就逐渐学会利用自然界中出现的各种变化:将柴草燃烧得到熊熊烈火,烟气腾腾,柴草化为灰烬;将黏土拌水,做成陶瓷坯件,经火燃烧,变化成可以盛水的陶瓷器皿;将矿石冶炼,化石成金,得到性质完全和矿石不同的金属。人们在生产和生活的实践中已经了解到物质能相互作用、发生变化。

1.1　化学是研究物质变化的科学

1. 化学研究的对象和内容

　　化学的中心含义在"化"字。"化"是变化和改变之意。化学研究各种物质的化学性质和化学变化。什么是化学变化,什么是物理变化?下面通过一些实际例子来讨论说明。

　　例一,水在电炉中通过加热变成水蒸气,这是物理变化;水在电解槽中通电电解,在两个电极上分别放出氢气(H_2)和氧气(O_2),这是化学变化。

　　例二,将石墨和黏土及其他配料拌和在一起,做成铅笔,在纸上写字。石墨粘在纸上,这是物理变化;将石墨放在加催化剂的炉中,加上高温、高压,石墨转变为金刚石,金刚石和石墨的化学成分一样,都是由碳原子组成,但原子间的排列方式和化学键发生变化,性质也全变了,这是化学变化;将石墨作为电极放电,有一部分变成球碳分子,如 C_{60},这也是化学变化。

　　例三,将葡萄粒榨汁,加些蔗糖,变成一杯饮料,这是物理变化;将这杯带葡萄皮的加糖葡萄汁,密封在瓶中,过半个月,变成葡萄酒,这是化学变化。

　　总而言之,化学变化又称化学反应或化学作用。由上面几个实例可见,化学变化是物质中原子间的排列方式和化学键发生改变的变化。人们进行劳动操作,没有大量地引起原子间化学键变化的都属于物理变化。例如将铁丝锉成粉末,粉末的粒径虽然小到 0.1 mm,但是这个尺度相对于钢铁中原子间的距离仍然大上数万倍,一小粒铁粉中,铁原子数仍超过万亿个,这些原子的排列方式和化学键依然和铁丝中的情况一样,它们的性质也相同。因此铁丝变铁粉仍属于物理变化。

　　化学变化的内容非常丰富多样。例如在同一个煤炉中烧煤,炉门开大一点,进到炉中的空气多,燃烧生成的气体中主要成分就是二氧化碳,一氧化碳很少;若将炉门关小,进到炉中的空气少,燃烧生成的气体中一氧化碳含量就会大增。在冬天用煤炉烧煤取暖时,一些人因煤气中毒丧命,就是由于供给燃煤的氧气太少,产生了大量的一氧化碳。

　　又如,在石油化工中,用同一种原料,通过改变反应器中其他辅料的成分,以及催化剂、温度和压力等条件,可生产出多种不同的产品。例如以乙烯为原料,可得聚乙烯、环氧乙烯、氯乙醇、乙醇、乙酸、聚乙烯醇、聚氯乙烯等上千种产品。

　　化学反应的速度因不同的成分和条件而异,差别极大。将米煮成饭,即将淀粉和水作用生产糊精和葡萄糖,常压下要 20 分钟;在高压锅中,只要 5 分钟。家中使用天然气,若不谨慎导致阀门没有关严,天然气漏到关闭门窗的厨房中,达到一定的浓度时,一个火星就会出现大爆炸,伤及房屋和人员。

从上面介绍的几个例子可见,化学是深入物质内部原子和分子层次,研究物质变化规律的科学。化学反应和化学知识关系到人们的衣食住行和日常生活的各个方面。

2. 化学研究的目的

化学固然要研究大量具体的形形色色的化学反应和变化,但这并不是化学研究的主要目的。化学研究的主要目的是揭示化学反应的规律,以控制物质的变化。具体地说,从已经了解的化学反应中,归纳出反应的规律,然后再去研究所希望发生的化学反应的条件和方法。为了合成一种新的材料,可以设计出许多合成路线,但究竟哪一条路线是真正可以实现的呢?化学热力学总结的规律可以帮助你找到答案。例如,很多人对水有兴趣,水是由氢和氧组成的,如果能以一种简单的方法将水分解成氢和氧,那么就可获得能量,并以此解决人类的能源危机。然而,化学热力学告诉我们,在常温常压下,水分解成氢和氧是不可能自发进行的。只有在外力的帮助下,如电解,水才能分解成氢和氧。使用耗能的手段就谈不上获取能量了。这种规律性的东西能让我们少走弯路,避免浪费人力物力。再如,氢气和氧气在常温和常压下的反应是一个自发反应。然而,当你把两体积的氢气和一体积的氧气放在一个容器中,却看不到有水生成。原来,这个反应的速率极慢,在 105 亿年中仅有 0.15% 的水生成。然而,化学热力学告诉我们,只要是自发反应,就一定可以找到催化剂去加速反应。果然,化学家们找到了金属铂,将极细的铂粉放入容器内,可以看到氢气和氧气几乎在瞬间就变成了水。科学让人类从必然王国走向自由王国,化学也不例外。

自然科学各个学科分别研究各种变化的规律:天文学研究宇宙各星体运动变化的规律,气象学研究各地的阴晴雨雪,生物学研究动植物的生长规律,物理学研究各种物质的物理性质和物理变化,化学研究各种物质的化学性质和化学变化。化学和任何自然科学一样,其研究的最终目的也是造福人类。

由于全世界人口的猛增,地球上能够为人类所利用的大部分资源,如土地等都是有限的。为了生存的需要,人们必须在有限的土地上生产出更多的粮食和农产品。化学承担着生产化肥和化学农药的重大责任。能源也是人类生存的必要条件之一,自然界的石油、煤等矿物资源日趋减少,如何合理而综合地利用这些资源,正是化学家们孜孜以求的目标之一。在开发新能源(如核能、化学电源等)时,化学同样是主力军之一。

新材料提高人类的生活质量。20 世纪中期,半导体晶体管的发明促使人类进入了电器小型化时代;聚合反应催化剂的发明促使人类进入了高分子时代。现今,新的建材和装潢材料的出现,让人们的居住条件焕然一新。特种材料的研制成功使人类走向了太空,开始探索宇宙。每一种新材料的出现都将人类的生产生活推上了一个新的台阶。

另外,化学和医学的合作加速了对生命奥秘的探索。人体中微量元素的作用正被一一探明;新的合成药物层出不穷,大大地提高了人类的平均寿命,从 1900 年的 45 岁到现今的将近 80 岁。化学学科和医学一样,为人类的健康做出了巨大的贡献。

随着经济的发展和人口的增长,人类赖以生存的环境正受到日益严重的污染。探明环境被污染的程度,制定保护环境的对策也是化学研究的重要内容。

总之,化学是一门使人类生活得更美好的科学。

1.2 化学是一门实验科学

1. 实验是化学学科的根本

化学和其他自然科学相比,对实验更加具有依赖性,是一门离不开实验的科学。任何化学的原理、定律以及规律无一不是从实验中得出的。因此,只有那些思维活跃、求知欲望强烈,同时又有良好实验习惯和动手能力并善于观察的人,才能成为化学研究的成功者。

居里夫人是一位伟大的化学家,也是实验工作者的典范。1898年,居里夫人在研究元素铀的放射性时发现,铀矿石的放射性比提纯后的铀化合物的放射性更强,于是她预言:在未提纯的铀矿石中,一定存在着一种新的元素,其放射性比铀更强。然而,当时的化学家中有相当一部分人对此持怀疑态度,他们要求居里夫人提供这种新元素的相对原子质量。为此,在1899—1902年整整4年的时间里,居里夫人夜以继日地在实验室里忙碌,从8吨沥青铀矿石中,提炼出未知元素的氯化物0.1 g。而正是根据这0.1 g的氯化物,居里夫人测出了未知元素的相对原子质量为225。一种新的元素——镭填进了元素周期表中。居里夫人也为此获得了诺贝尔化学奖。

许多新的发明也是在大量实验数据的积累中得以实现的。如合成氨催化剂,历经几百个配方、上万次试验方才成功。这一切都说明,成功是实验室中大量辛勤劳动的结果。

2. 敏锐的观察是成功的基础

实验态度的一丝不苟、实验数据的认真记录和积累是实验中的重要环节,而实验过程中的细致观察,特别是对一些反常现象的观察和分析尤为重要,它往往会带来一些意想不到的发现。

海藻中提取碘是一项极为简单的实验,许许多多化学家都做过。然而,1826年,法国青年化学家巴拉尔在进行从海藻中提取碘的实验时,却有新的发现。向海藻灰提取液中通入氯气之后,自然就会有碘析出,但是他注意到每次实验后,在母液的瓶底都会有一薄层红棕色的液体。他没有放过这一意外的发现,对该液体进行一系列测试之后,证实了这种液体是一种新的元素——溴(Br)。巴拉尔的文章发表后,德国著名化学家李比希懊丧不已,因为早在两年前他也发现了这种红棕色的液体,但只是保留了它,没有进行深入的研究。这件事使李比希得出了一个结论:"任何疏于观察和分析,必将导致失误。"为此,李比希在保存红棕色液体的那个瓶子上贴了"失误瓶"的标签,以示警诫。

所以,敏锐的观察是成功的基础。

3. 实验手段的不断进步是化学发展的关键

古人云:"工欲善其事,必先利其器。"化学实验工作往往离不开测量,因此实验手段的进步,特别是实验仪器的开发对化学研究有着重要的作用。18—19世纪,精密天平的出现,为化学研究开创了一个新的局面。19世纪初曾有人提出:"任何原子的重量都是氢原子重量的倍数。"此学说是否可信,有赖于对各种元素的相对原子质量的测定。后来,由于测到了氯原子的相对原子质量为35.5,并非氢原子的整数倍,该学说就受到质疑,最终被抛弃。同样的称量工作使化学家莱格雷发现,从空气中去除氧气和其他杂质后得到的纯氮气,和从氨分解得到的纯氮气,两者的密度不一样,前者要大一些。由此,他想到,从空气中得到的纯氮气中会不会还有尚未发现的气体。果然,之后发现了存在空气当中的相对原子质量比氮大的新元素——氩(Ar)。

近代化学实验手段的飞跃发展,更是将化学研究推进到一个新的时代。各种波谱,特别是红外光谱、紫外光谱、核磁共振和顺磁共振技术的发展,使化学家在对化学物质的结构研究中有了明亮的"眼睛"。各种电子能谱的发展,又使化学研究如虎添翼,将研究深入原子、分子的微观层面。

亚细亚刚毛草是危害粮食作物的寄生植物,长期以来,人们一直未能找到一种有效的办法制止它。后来,借助于核磁共振分析仪,人们发现了促进其生长的化学信息物质,于是这个问题也就迎刃而解了。

随着分析检测手段越来越精密,化学研究的条件也越来越好,更加造福于人类。用伏安溶出法测定人体毛发中的硒含量可初步判断癌症患病的概率。曾用此法测量过57例健康人的毛发,其中硒含量均在 600 ppb(1 ppb=1 ng · g^{-1})以上;而54例癌症病人的毛发中,其硒含量均在 400 ppb 以下,这就启发人们注意保持体内的硒含量。

实践是认识世界的基础,是检验真理的唯一标准。毫无疑问,人们要想认识物质世界,必须实践。物质世界中千变万化的化学现象是可以通过化学实验观察到的,而化学中的一些学说、定律,既是在实验基础上综合、归纳而得到,也是在实验的鉴别中修正、发展而成熟的。因此,实验是化学学科的基础,也是化学学科的根本。实验手段的不断丰富和进步,有助于推动化学研究的发展。

1.3 化学与人类发展的关系

1. 化学对物质基础的作用

化学的研究对象是物质,研究物质组成与结构和性能的关系,研究物质转化的规律和控制手段。在此基础上,实现物质的人工转化和合成,并且对生命和生产生活中的化学过程按需调控。

进入20世纪以来,人类明显地遭遇人口增长、资源匮乏、环境恶化等问题的威胁。在过去100多年中,化学在解决这些问题时起到了核心和基础的作用。没有化学创造的物质文明,就没有人类的现代生活。就化学对人类的日常生活的影响而言,可以说化学在我们的日常生活中无处不在。

衣:化学为生活增添温暖。尼龙分子中的含酰胺键的树脂,自然界中没有,需要靠化学方法得到;涤纶则是用乙二醇、对苯二甲酸二甲酯等合成的纤维。还有类似的许多衣料,如人造纤维、尼龙、的确良(涤纶)等衣料,大部分都是由石油提炼成的化学品制成,都丰富了人们的衣橱。

食:用泡打粉发面制馒头,松软可口。各种饮用酒则是粮食等原料经一系列化学变化制得。

住:建筑材料如三合土(水泥)、钢筋、瓷砖、玻璃、铝和塑胶等均为化学工业的制成品。有了化学,我们的住房才有多彩的装饰。生石灰浸在水中成熟石灰,熟石灰涂在墙上,干燥后成为洁白坚硬的碳酸钙,覆盖了泥土的黄色,房子才显得整洁明亮。铁矿石炼出钢铁,我们才有铁制品使用。加工石油,我们才能用上轻便的塑料。煅烧陶土,才能使房屋有可用的漂亮瓷砖。

行:飞机、轮船和汽车等交通工具所用的燃料均是石油工业提炼成的产品。飞机机身则是由特殊的合金制造的。

化学影响着人类的生活和发展,在20世纪成为为人类进步解决物质基础问题的核心科学。化学不但能够大量制造各种自然界已有的物质,而且能够根据人类需要创造出自然界本不存在的物质。最初,人们认为生物体内的有机物不可能人工制造,但是1928年尿素的合成打破了不能人工合成有机物的思想禁锢,在这以后,合成化学获得了大发展。最为突出的成果是模拟天然高分子的合成高分子材料(如合成橡胶、合成纤维和塑料)。它们不但为人类吃穿用提供了大量适用的材料,而且使化学家在认识聚合反应和聚合物结构与性质关系的基础上迈向蛋白质、核酸等大分子的合成。这为研究后者的结构—功能关系打下基础。

目前,这些生物大分子的合成已经在一定程度上"自动化",并与生物学中的PCR技术一起构成制造和批量生成生物大分子的核心技术。

化学能够提供成分分析和结构分析手段,使人们在分子层次上认识天然或合成的物质材料的组成和结构,掌握和解释"结构—性质—功能"的关系,并且预测某种结构的分子是否可以存在,如果可以的话在什么条件下存在。有了这些基础,化学就能针对需要"裁剪"和设计分子。决定化学过程的化学热力学、化学动力学理论,能够用于解决生产生活问题;从理论上指导新物质和反应新条件(如高压、高温、超临界状态)的设计,从而达到自然条件下不能达到的目标。

2. 化学在相关学科发展中的作用

化学是一门重要的基础科学,它在整个自然科学中的关系和地位正如美国著名化学家皮门塔尔(Pimentel G. C.)在《化学中的机会:今天和明天》一书中所指出的:"化学是一门中心科学,它与社会发展各方面的需要都有密切关系。"

化学在相关学科发展中的作用包括如下两点。

(1) 化学研究带动其他学科的过程研究

化学研究使人们逐渐掌握物质变化的规律和各类化学反应的机理;也使人们能够在掌握化学反应时空变化规律的基础上认识化学过程,揭示自然界物质变化的本质。这方面的研究是工业、农业、环境保护、能源等方面科学研究的推动力。同时,化学与其他学科融合之后,分化出许多研究各领域的化学过程的学科。例如,引用化学热力学、化学动力学的概念和方法与土壤学融合,研究土壤中物质转化和迁移规律,发展了土壤化学;研究水体中物质转化和迁移规律,诞生了水化学。水化学和土壤化学又进一步在解决水体、土壤中有害物质的转化和迁移问题上发挥重要作用,成为环境化学的基础。对于河流和港湾的泥沙淤积过程,从用惰性微粒加惰性流体的物理模型发展成为活性微粒加活性流体的物理化学模型;对于光化学烟雾的形成和大气臭氧层空洞,从单纯现象的观察、宏观测量以及来源的寻找,发展到对机理的认识,以及对过程的跟踪、模拟和控制,如此等等,都是化学推动的结果。可以说,化学过程无所不在。化学研究还能解决过程控制的问题。例如,所有材料(从天然材料如皮肤、骨、橡胶等到合成材料如塑料、合成纤维等)的老化和降解都是自由基参与的氧化过程,需要用化学研究过程的本质,设法阻止和推迟其进程。

(2) 化学带动了材料科学的发展

从利用天然材料到创造和利用合成材料是人类历史中的一大关键进步,是化学发展的里程碑。从化学萌芽时期起,化学家就积累了不少制备与合成化学物质的经验,而后总结这些经验,形成了化学合成理论和技术,发展为合成化学。

到20世纪40年代以后,以模仿生物材料(如橡胶、蚕丝等)为目标的高分子合成以及作为基础的聚合反应研究蓬勃发展,成为现代材料科学建立和发展的第一步。Ziegler-Natta 催化剂是合成化学的一个突破(1963年获得诺贝尔化学奖),它实现了有机高分子的定向合成,是有序结构研究的极其重要的提示。聚合过程和聚合物结构的控制引发了后来的一系列重要进展,其中最为突出的是作为控制条件的催化剂研究。20世纪早期的材料研究大部分针对结构材料和基本材料。后来,功能材料成为热点,电子、航天、高速运输工具、快速通信等进展主要起端于高纯单晶硅、光导纤维、耐极端条件的材料、各种能量转化材料和敏感材料等材料的发展。在这些无机和有机功能材料研究中,化学是原始创新的龙头。只有掌握"结构—性质—功能"的关系以及合成和组装的化学过程,才能设计合成新的功能材料。半导体、液晶、分子筛等就是突出的例子。目前,智能材料研究方兴未艾。从传感器开始,到仿生材料、仿生器件、能够工作的芯片,以及微流体技术(microfluidic technique),不仅需要化学合成所提供的分子和材料,更重要的是依靠化学原理弄清器件的工作原理,以及功能和结构的关系。

化学创立了研究物质结构和形态的理论、方法和实验手段,认识了物质的结构与性能之间的关系和规律,为设计具有各种特殊功能的化学品提供了有效的方法和手段。

3. 化学对人类生存环境的影响

现代化学的发展,除了造福于人类的一面之外,还有危及人类生存的一面。

地球的资源储量是有限的,尤其是矿产资源、石油、天然气和煤。它们既是人类的主要物质资源,又是主要的生产原料。人类的不合理开发势必造成对生态环境的严重破坏,这已经成为全世界有识之士的共识。由于人类对资源消耗的急剧增加,使得人类生存环境受到严重破坏。

最典型的实例就是由于大量燃烧化石燃料(石油、煤炭、天然气),向大气排放大量的二氧化碳而产生的地球温室效应。温室效应已经引起了一系列的气候反常,并且,随着向大气排放的二氧化碳量的增加,这种反常现象还将加剧。另外,世界每年都有大量因化工冶金产品而产生的上百亿吨废物倾入土壤、江河、海洋之中,加上化学肥料、农药等的滥用,造成土壤和水系环境严重恶化,既直接危害人类,又会破坏生物圈,长期影响着人类的生存。

化学在保护生态环境中处于不可替代的地位,起着独特的作用。要解决环境污染问题,还得靠化学及其他工业的技术进步。当前,要加强对化工、冶金等大污染源的工业生产过程的改善,走发展高技术产业之路,开发"全消化"生产工艺,使工业废物减少到最低程度。另外,加强工业废物处理和监督,开发废物再利用的新技术,化害为利,变废为宝,充分发挥化学的主观能动性作用。

4. 化学对促进人类健康的作用

生命活动是最复杂的现象。在长期进化过程中,人体已经形成一个能够高度自我调节的开放系统。物质通过人体的吸收和排泄处于大循环中，影响着人体的结构与功能。化学物质进入人体后，不仅起到营养作用，还起到调节、控制作用。人的生病和治病以及人体的衰老、疲劳、脑活动与神经传导等，无不与化学物质有关。人体内既有有机物，也有无机物；既有生物大分子，又有金属离子。人体内通过生命物质的激活或抑制，形成连锁式的化学反应，从而表现出各种各样的功能，完成相应的生命过程。例如缺少维生素会加速老化，乳酸在肌肉内积累就会感到疲劳，钙离子水平能够调节视觉变化等。人体内存在许多相互反馈的化学作用机制，起着控制和调节局部乃至全身的作用。所以，研究人体生命过程的化学机制与控制，具有重大的理论意义和实际意义。

近年来发展起来的功能食品就是一种通过其所含特殊成分提高身体的防御能力、预防疾病和促进健康的工程化食品，主要包括防老化食品、抗肿瘤食品、糖尿病患者专用食品、老年护肤和护发食品等。它们之所以具有多种特殊功能，是因为其中含有多种生理活性物质，如膳食纤维、抗肿瘤多糖、功能性单糖、多元糖醇和强力甜味剂、不饱和脂肪酸油脂、磷脂、酶类和非酶类自由基清除剂、多种维生素，以及硒、锗、铬、铁、铜、锌等多种微量元素。功能食品能够通过改变膳食条件和发挥食品本身的调节功能来达到提高人类健康的目的。

综上所述，人类面临着许多巨大的挑战，如人口爆炸、粮食危机、资源耗竭、环境污染、生态失衡等。这些问题不是某个国家的问题，而是同在地球上生活的人类面临的共同问题，将全人类的命运紧紧地联系在了一起。由于化学在解决这些问题时能发挥积极而有效的作用，因而化学便具有重要的价值。

化学作为一门基础学科，要承担社会各方面的需求，为全人类提供食物，开发资源，提供穿衣和住房，为日益减少和稀缺的不可再生材料提供代用品，征服疾病，改善人们的健康，增强国防，以及保护我们赖以生存的环境。化学的基础研究则有助于我们后代满足演化中的需要，解决许多难以预期的问题。当今化学学科面临着很多机遇，但也无时不遇到挑战，相信化学学科一定会为人类社会做出应有的贡献。

1.4 诺贝尔及诺贝尔奖

阿尔弗雷德·贝恩哈德·诺贝尔(Alfred Bernhard Nobel，1833年10月21日—1896年12月10日)，瑞典化学家、工程师、发明家、军工装备制造商和硅藻土炸药的发明者，出生于斯德哥尔摩。兄弟四个，他排行第三。

诺贝尔的父亲是机械制造商、地雷发明家。受老诺贝尔的影响，兄弟几个都热衷于发明创造，家里就有实验室。由于老诺贝尔研究水雷的缘故，诺贝尔对炸药产生了极大的兴趣。1862年，诺贝尔对意大利化学家索雷多所发表的一篇论文产生了兴趣。他并不是对文章的主要内容——硝化甘油可作为心脏病的急救药而感兴趣，他是被文章末尾的一句话所吸引。索雷多在那篇文章的末尾写道："硝化甘油是一个脾气暴烈的家伙，撞击或加热都会引起爆炸。"当时的人都把硝化甘油作为心脏病急救药看待，诺贝尔却开始研究它能否作为一种用于工程建设的炸药。当时欧洲的经济正处于发展阶段，无论采矿、筑路还是隧道都需要爆炸威力较强的炸药，这就是诺贝尔研究硝化甘油的原因。

然而，硝化甘油的确是一个脾气暴烈的家伙。1864年9月，实验室发生了极大的爆炸事故。

5个人在这次事故中丧生,其中包括他的亲弟弟。面对亲人的死亡,诺贝尔陷入了极度的悲痛,但他却没有放弃对硝化甘油的研究。为了不殃及四邻,他将研究转移到了郊区马拉湖中央的一艘船上进行,并最终研制成了一种爆炸力极强的炸药。

1865年12月,美国的一家旅馆门前发生猛烈的爆炸。地面上被炸出一个1米多深的大坑,周围房屋的玻璃全被震碎,经查明,引起爆炸的是诺贝尔工厂生产的硝化甘油。1866年3月,澳大利亚悉尼的一个货栈被炸毁,损失惨重,经查明,爆炸是由于货栈中存放的两桶硝化甘油引起的,仍然是诺贝尔工厂生产的硝化甘油。1866年4月,巴拿马的大西洋沿岸,一艘客货轮被炸毁,74名乘客无一幸免。在随船的运输货物清单中,赫然写着"硝化甘油"10磅,生产厂家"诺贝尔工厂"。

对于这些爆炸事故的发生,诺贝尔当然是痛心疾首的,压力也是巨大的。但是,他却没有气馁,怎样才能防止硝化甘油意外爆炸呢?他坚信一定能找到答案。一天,诺贝尔在海滩散步,一辆马车快速驶来,车上装着许多罐子,里面装着他们工厂的产品——硝化甘油。诺贝尔不禁思考,为什么在这辆颠簸的马车上,硝化甘油不爆炸呢?诺贝尔仔细一看,在罐子和罐子之间放置了一些东西,罐子下面也铺垫了一层。车夫告诉他,这是硅藻土矿石,目的是防止罐子和罐子之间碰撞,万一硝化甘油流出来,还会被它吸收。原来,硅藻土是一种多孔柔软的矿石,既能起到缓冲作用,又有吸收功能,真是一个好东西。马车已经驶远,诺贝尔却依然沉浸在硅藻土中。这给了他灵感,既然吸附了硝化甘油的硅藻土在颠簸的马车上不会爆炸,何不用硅藻土制作载体来制备安全炸药呢?他立刻进行了各种配方的研究,终于获得了非常满意的结果。他用40%的硅藻土吸附60%的硝化甘油,制得的炸药在平时不会爆炸,即使在撞击或加热的情况下也不会。在需要爆炸时,只要用一个引爆器即可。引爆器又是他的另一个发明专利。

尽管这种安全炸药越来越受到人们的欢迎,但由于加入了毫无爆炸威力的硅藻土,降低了整个炸药的爆炸威力。如何才能制得既保持爆炸威力又保证运输存储安全的炸药呢?1875年的一个夜晚,诺贝尔在实验中不小心划破了手,他随手拿了一瓶"克罗酊"涂在伤口上。"克罗酊"是硝化棉的酒精溶液,是黏稠的透明胶状液体。在创口上涂上一层,待酒精挥发之后,硝化棉就会将创口封闭住,避免创口感染。诺贝尔突然想到,硝化棉和硝化甘油是同一类物质,能否将硝化程度较低的硝化棉加入硝化甘油中呢?于是他开始了新的试验。不出所料,当他把两种东西混在一起时,又一种安全的胶质炸药诞生了。

诺贝尔一生中获得300多项专利,终身未娶。1896年,他在法国因心脏病发作而逝世。他在生前立下的遗嘱中写道:"把我全部可变换现金的财产都捐赠给政府,并以此奖励在科学上有突出成就的科学家。"瑞典政府根据诺贝尔的遗嘱,在全世界范围内设立了5个奖项,分别是物理学奖、化学奖、生理学或医学奖、文学奖以及和平奖,分别由瑞典皇家自然科学院、皇家卡罗琳医学院、瑞典科学院和挪威议会的诺贝尔委员会等机构主持评选。诺贝尔化学奖设立于1901年。从1901年到2022年,共190人获得诺贝尔化学奖,当中包括8位女性。英国生物化学家弗雷德里克·桑格(Frederick Sanger)分别于1958年和1981年两次获得诺贝尔化学奖,也是唯一一位获得两次诺贝尔化学奖的人。

一位伟人永远会活在我们的心中,他所表现的优秀品质也永远是我们学习的榜样。诺贝尔正是这样一位伟大的化学家。

第二章 衣食住行中的化学

  化学的发展,在全世界兴起了产业革命。环顾四周,化工产品已经在我们的衣食住行中发挥着重要的作用,悄无声息地改变着人类的生活品质。追溯历史,化学其实一直陪伴着我们,比如大家熟知的丝、棉、麻、毛、胶、漆等,已有几千年的历史。古代虽然没有现代的化学知识,但许多天然高分子的利用过程中都涉及化学过程,如发酵。上百年前,人们已开始利用硫磺与天然橡胶形成弹性体;而到了近代,人们开始利用化学知识进行高分子反应,比如,纤维素改性是典型的高分子化学反应,通过它获得了赛璐珞制作的乒乓球、炸药,以及其他改性纤维素制作的织物和胶黏剂等。在特殊条件下的选择性高分子化学降解反应可以使我们得到甲醇、乙醇……所以,化学材料的出现与大规模应用是化学化工和材料科学在 20 世纪为人类做出的最为重要的贡献之一。

2.1 衣

  人类穿衣原本是为了保暖御寒,随着文明的进步,穿衣同时也变成了文明的标志。而现代人的穿衣又多了一层美化和修饰自己的含义,因此,人类对衣着的要求也就越来越高。自然界能提供给人类的纺织材料极为有限,植物性的只有棉花和麻,动物性的只有毛和丝。这 4 种材料又都和土地有关。随着人口的不断增加,可耕地面积日益减少,这些材料显然不能满足人类的需求。人们希望化学家们能合成出更多的纺织材料,于是就出现了人造纤维和合成纤维。

2.1.1 人造纤维

  人造纤维是以天然纤维素为原料,经过化学处理与机械加工制得的。人造纤维一般具有与天然纤维相似的性能,有良好的吸湿性、透气性和染色性,手感柔软,富有光泽,是一类重要的纺织材料。

1. 纤维素

  纤维素是组成植物纤维的主要组成物质。纤维素是由葡萄糖通过 OH 基团的缩水而连接起来的大分子多糖,分子较大,相对分子质量一般在 200 万左右。棉花的纤维素含量接近 100%,是天然的最纯纤维素的来源。

葡萄糖

纤维素

纤维素分子依靠数目众多的氢键结合起来形成纤维束,几根纤维束绞合在一起,形成绳索状结构,再定向排列,就形成了肉眼可见的纤维。

绳索状纤维

人类对衣着材料的需求和自然界提供衣着材料的有限性,迫使化学家去用化学方法解决问题。然而,化学家首先遇到的问题是,同样是纤维素构成的材料,为什么棉花和麻可以纺纱织布,而树皮、木头、麦秆等却不能?后者的数量远远超过前者,如果能将后者改造成可以纺纱织布的材料,那么人类的制衣材料就丰富多了。经过多年的研究和分析,人们终于找到了原因,同时也找到了改造后者的办法,为人类开发了数量巨大的制衣原材料。

2. 黏胶纤维

能否纺纱织布取决于纤维素在形成纤维过程中的绞合状态。棉花和麻的纤维在绞合之后依然细长而柔软,于是就能纺纱;但是木头、树皮等纤维却是刚性的,不能纺纱。其根本原因是纤维之间的构型不一样。若能用化学的方法,把它们原来的构型破坏掉,再形成新的构型,可不可以呢?经过试验,成功发现了一种新的制衣材料——黏胶纤维。

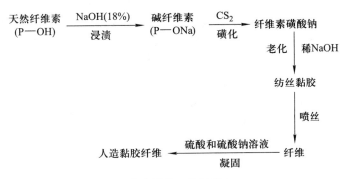

黏胶纤维工艺过程

黏胶纤维是以木材、棉短绒、甘蔗渣、芦苇等为原料,以湿法纺丝制成的。黏胶纤维的基本化学组成与棉纤维相同,因此某些性能与棉相似,如吸湿性与透气性、染色性等均较好。但由于黏胶纤维的大分子链聚合度较棉纤维低,分子取向度较小,分子链间排列也不如棉纤维紧密,因此某些性能较棉纤维差,如易缩水、定型性差、易皱。

黏胶纤维可以纯纺,也可以与天然纤维或其他化学纤维混纺。混纺可以制成下列纺织品:

长丝+蚕丝——绸缎

长丝+棉花——线绨(厚绸子)

短丝+棉花——人造棉

短丝(羊毛长短)——人造羊毛

3. 醋酯纤维

以精制棉短绒为原料,与醋酐进行酯化反应得到三醋酸纤维素。将三醋酸纤维素用稀醋酸液进行部分水解,可得到二醋酸纤维素。通常醋酯纤维即指二醋酯纤维。

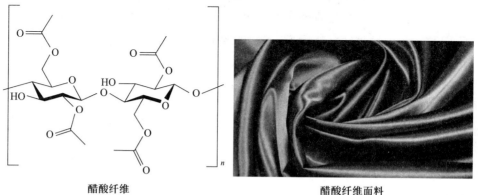

醋酸纤维　　　　　　　　　　醋酸纤维面料

4. 铜氨纤维

铜氨纤维是将经提纯的纤维素溶解于铜氨溶液中,纺制而成的一种再生纤维素纤维。与黏胶纤维相同,一般采用经提纯的 α-纤维素含量高的"浆粕"作原料,溶于铜氨溶液中,制成浓度很高的纺丝液,采用溶液法纺丝。由喷丝头的细口压入纯水或稀酸的凝固浴中,在高度拉伸的同时,逐渐固化形成纤维,制得极细的单丝。铜氨纤维在外观、手感和柔软性方面与蚕丝很近似,它的柔韧性高,富有弹性,悬垂性极好。其他性质和黏胶纤维相似,纤维截面呈圆形。一般铜氨纤维纺制成长纤维,特别适合于制造变形竹节丝,纺成很像蚕丝的粗节丝。铜氨纤维适用于织成薄如蝉翼的织物和针织内衣,穿用舒适。

人造纤维的原料依然需要天然纤维,在某种意义上,原料依然受到限制。如何实现原料自由呢?那就需要通过化学方法合成纤维。

2.1.2　合成纤维

要用化学方法合成类似棉花的材料,就一定要将小分子化合物变成类似纤维素的大分子化合物。显然,这个过程中进行的化学反应一定是让反应物分子变大的反应。此外,不仅要合成大分子,更要合成线性大分子,这样才能够构成类似纤维素的结构。

1. 加成聚合

在众多的化学反应中,带有碳碳双键的烯烃化合物的加成反应是可以让分子变大的。每当打开一个双键,加合上去的单元就会让分子增大。例如,乙烯和氯气的反应就能让乙烯的分子因氯原子的加入而变大。

$$CH_2=CH_2 + Cl_2 \longrightarrow ClCH_2-CH_2Cl$$

但是,这种反应进行一次后就结束了,所得产物还未达到大分子的程度。如果让所有的乙烯分子打开双键并自身相互加合,就得到了一种线性的大分子物质。以这种方式得到大分子的方法称为加成聚合,简称加聚。

$$nCH_2=CH_2 \longrightarrow \text{---}[CH_2-CH_2]_n\text{---}$$

通常,含有碳碳双键的化合物可以用这种方式实现聚合。我们把原料称为单体,产物称为高聚物。乙烯聚合的产物称为聚乙烯,氯乙烯聚合的产物为聚氯乙烯(PVC)。

并不是所有的加聚产物都能做成纤维,即使能做成纤维,也不一定能够适合做衣着材料。目前以加聚合成的产物中,能构成衣着材料的有以下几种。

(1) 腈纶

根据我国纺织工业协会的规定,凡是合成纤维均以"纶"命名。以丙烯腈为原料,经过加成聚合,得到聚丙烯腈,称为腈纶。

丙烯腈的合成方法如下:

$$CH_2=CH-CH_3 + NH_3 + \frac{3}{2}O_2 \xrightarrow[425\sim510\ ^\circ C]{BPO_4 \cdot 12MoO_3} CH_2=CH-CN + 3H_2O$$

聚丙烯腈的合成方法如下:

$$n\ CH_2=CH-CN \longrightarrow \text{---}[CH_2-CH(CN)]_n\text{---}$$

腈纶具有优良的性能,由于其性质接近羊毛,故有"合成羊毛"之称。腈纶的耐光性是所有合成纤维中最好的,露天暴晒一年,强度仅下降 20%。腈纶耐酸、氧化剂和一般有机溶剂,但不耐碱。腈纶的制成品蓬松性、保温性好,手感柔软,有良好的耐候性和防霉、防蛀性能。其保暖性比羊毛高 15% 左右。腈纶可与羊毛混纺,产品大多民用,如生产毛线、毛毯、针织运动服、篷布、窗帘、人造毛皮、长毛绒等。

(2) 维纶

维纶是指聚乙烯醇缩醛纤维,也称维尼纶。这种纤维的原料(乙烯、乙炔)易得,成本低廉。它的单体是性能稳定的乙酸乙烯酯。其性能极似棉花,有合成棉花之称。

维纶的基本原料乙酸乙烯酯可来自两条路线。

乙烯法:

$$CH_2=CH_2 + CH_3COOH + \frac{1}{2}O_2 \longrightarrow CH_2=CH-O-C(=O)-CH_3 + H_2O$$

乙炔法：

$$CH\equiv CH + CH_3COOH \longrightarrow CH_2=CH-O-\underset{\underset{O}{\|}}{C}-CH_3$$

制备维纶的工艺路线如下：

乙酸乙烯酯的聚合：

$$n\,CH_2=CH-O-\underset{\underset{O}{\|}}{C}-CH_3 \longrightarrow \left[CH_2-CH-O-\underset{\underset{O}{\|}}{C}-CH_3\right]_n$$

聚乙酸乙烯酯的水解：

$$\left[CH_2-CH-O-\underset{\underset{O}{\|}}{C}-CH_3\right]_n + nH_2O \longrightarrow \left[CH_2-CH-OH\right]_n + nCH_3COOH$$

聚乙烯醇缩醛化：

$$\left[CH_2-\underset{OH}{CH}-CH_2-\underset{OH}{CH}\right]_n \xrightarrow{+nHCHO}$$

$$\left[CH_2-\underset{\underset{\underset{H}{C}}{\underset{H}{|}}}{CH}-CH_2-CH\right]_n + nH_2O$$

维纶最大特点是吸湿性大，吸湿率为 $4.5\%\sim5\%$，是合成纤维中最好的。它的化学稳定性好，耐碱，但不耐强酸。耐日光性与耐候性也很好，纺织布穿着舒适，适宜制内衣。但它耐干热而不耐湿热，（收缩）弹性差，织物易起皱，染色较差，色泽不鲜艳。

维纶的强度稍高于棉花，比羊毛高很多。在一般有机酸、醇、酯及石油等溶剂中不溶解，不易霉蛀，在日光下暴晒强度损失不大。

维纶手感柔软，保暖性好，它的相对密度比棉花要小，因此与棉花相同质量的维纶能织出更多的衣料。它的热传导率低，因而保暖性好。维纶的耐磨性和强度也比棉花好，因此维纶在很多方面可以与棉花混纺，以节省棉花。维纶主要用于制作外衣、棉毛衫裤、运动衫等针织物，还可用于制作帆布、渔网、外科手术缝线、自行车轮胎帘子线、过滤材料等。

（3）氯纶

氯纶是由氯乙烯聚合而成的聚氯乙烯：

$$n\ CH_2=CH\underset{Cl}{|} \longrightarrow \left[CH_2-CH\underset{Cl}{|}\right]_n$$

氯纶是高分子的老品种,但直至解决了溶液纺丝所需溶剂的问题,以及改善了纤维的热稳定性后,氯纶纤维的生产才有了较大的发展。由于原料丰富、工艺简单、成本低廉,又有特殊用途,因而它在合成纤维中具有一定的地位。

氯纶的突出优点是难燃、保暖、耐晒、耐磨、耐蚀和耐蛀,弹性也很好,可以制造各种针织品、工作服、毛毯、滤布、绳绒、帐篷等。特别是由于它保暖性好,易生产和保持静电,故用它做成的针织内衣对风湿性关节炎有一定疗效。但染色性差和热收缩大的缺点,限制了它的应用。改善的办法是与其他纤维品种共聚或与其他纤维进行乳液混合纺丝。

(4) 丙纶

丙纶是由丙烯作原料经聚合、熔体纺丝制得的纤维。于1957年正式开始工业化生产,是合成纤维中的后起之秀。由于丙纶具有生产工艺简单、产品价廉、强度高、相对密度轻等优点,所以丙纶工业发展得很快。当前,丙纶已是合成纤维的第四大品种,是常见化学纤维中最轻的纤维。

丙纶的合成方法如下:

$$n\ CH_2=CH\underset{CH_3}{|} \longrightarrow \left[CH_2-CH\underset{CH_3}{|}\right]_n$$

丙纶的生产包括短纤维、长丝和裂膜纤维等。主要用途是制作地毯、装饰布、家具布、各种绳索、包装材料和工业用布,如滤布、袋布等。丙纶可与多种纤维混纺制成不同类型的混纺纺织物,经过针织加工后可以制成衬衣、外衣、运动衣、袜子等。由丙纶中空纤维制成的絮被,质轻、保暖、弹性良好。

2. 缩合聚合

除加聚法外,另一种合成高分子化合物的方法是缩合聚合,简称缩聚。它是利用化学反应中的缩合反应,即两个或多个有机化合物分子之间缩去水、氨、氯化氢等简单分子而生成一个较大分子的反应。最常见的缩合反应就是酯化反应。例如乙酸和乙醇的酯化生成乙酸乙酯的反应:

$$CH_3COOH + CH_3CH_2OH \underset{\triangle}{\overset{H_2SO_4}{\rightleftharpoons}} CH_3COOC_2H_5 + H_2O$$

在此反应中,乙酸中的羧基和乙醇中的羟基缩合,失去一分子水,并连成了一个较大的分子。显然一次酯化反应的产物并不是高聚物。然而,如果我们使用一个二酸和一个二醇来进行酯化反应,情况就不一样了。例如对苯二甲酸和乙二醇之间的反应,第一步酯化反应后的产物仍然保留有再发生酯化反应所需要的羧基或羟基,于是酯化反应仍可以继续不断进行下去,得到高聚物。

$$\text{HOOC-C}_6\text{H}_4\text{-COOH} + \text{HOCH}_2\text{CH}_2\text{OH} \longrightarrow \text{HOOC-C}_6\text{H}_4\text{-COOCH}_2\text{CH}_2\text{OH} + \text{H}_2\text{O}$$

$$n\text{HOOC-C}_6\text{H}_4\text{-COOH} + n\text{HOCH}_2\text{CH}_2\text{OH} \xrightarrow{\text{催化剂}} \text{HO}\!-\!\!\left[\text{OC-C}_6\text{H}_4\text{-COOCH}_2\text{CH}_2\text{O}\right]_n\!\!-\!\text{H} + (2n-1)\text{H}_2\text{O}$$

（1）涤纶

涤纶化学名称为聚酯纤维，是以对苯二甲酸二甲酯和乙二醇为原料，经酯交换缩聚而成的高聚物——聚对苯二甲酸乙二醇酯（PET），经纺丝和后处理制成的纤维。于1941年发明，是当前合成纤维的第一大品种。聚酯纤维最大的优点是抗皱性和保型性很好，具有较高的强度与弹性恢复能力。其坚牢耐用、抗皱免烫、不粘毛。在我国，这种纤维材料多用来做夏天的衬衣，因其质地薄而半透明，商家特意给它起了一个贴切的商品名——的确良。

$$\text{H}_3\text{COOC-C}_6\text{H}_4\text{-COOCH}_3 + \text{HOCH}_2\text{CH}_2\text{OH} \xrightarrow{\text{催化剂}} \left[\text{OC-C}_6\text{H}_4\text{-COOCH}_2\text{CH}_2\text{O}\right]_n$$
$$\text{PBT}$$

（2）锦纶

锦纶的化学名称为聚酰胺，俗称尼龙（Nylon），英文名称 Polyamide（简称 PA），是分子主链上含有重复酰胺基团 $\{\text{NHCO}\}$ 的热塑性树脂总称。第一批国产样品是锦西化工厂首先合成出来的，为了纪念，所以称为锦纶。包括脂肪族 PA，脂肪-芳香族 PA 和芳香族 PA。其中脂肪族 PA 品种多，产量大，应用广泛，其命名由合成单体的碳原子数而定。聚酰胺也是通过缩合反应合成出来的。

能发生缩合反应的不仅是有机酸和醇之间的酯化反应，有机酸和有机胺也可以，例如：

$$\text{R-COOH} + \text{H}_2\text{N-R} \longrightarrow \text{R-CO-NH-R} + \text{H}_2\text{O}$$

在这个反应中生成的有机产物称为酰胺，这是因为有机化合物中，酰基定义为：

$$\text{R-C(=O)-}$$

在这个单键上接一个氨基就称为酰胺：

$$\text{R-C(=O)-NH}_2 \quad \text{或} \quad \text{R-C(=O)-NHR}_1$$

可以看出，反应中脱去一分子水，余下的部分相连成更大的分子，是一个典型的缩合反应。和聚酯反应一样，要想让反应连续不断地进行下去，有机酸必须是二元酸，有机胺也必须是二元胺，如：

$$HOOC-R-COOH+H_2N-R-NH_2 \longrightarrow HOOC-R-CONH-R-NH_2+H_2O$$

在这个反应中，生成的产物依然保留一个羧基和一个氨基，其中羧基可以和另一个酰胺的氨基发生酰胺化反应；而氨基可以和另一个酰胺的羧基发生酰胺化反应。这种连续不断的酰胺化反应，得到的缩合聚合的产物称为聚酰胺。

常用的锦纶纤维可分为两大类。

一类是由二胺和二酸缩聚而得的聚二酸二胺，其长链分子的化学结构式为：

$$H\!-\![HN(CH_2)_x NHCO(CH_2)_y CO]\!-\!OH$$

这类锦纶的相对分子质量一般为 17 000～23 000。根据所用二元胺和二元酸的碳原子数不同，可以得到不同的锦纶产品，并可通过加在锦纶后的数字进行区别，其中前一数字是二元胺的碳原子数，后一数字是二元酸的碳原子数。例如锦纶-66，说明它是由己二胺和己二酸缩聚制得；锦纶-610，说明它是由己二胺和癸二酸制得。

$$\begin{matrix} CH_2CH_2COOH \\ | \\ CH_2CH_2COOH \end{matrix} + \begin{matrix} CH_2CH_2CH_2NH_2 \\ | \\ CH_2CH_2CH_2NH_2 \end{matrix} \xrightarrow{催化剂} [(CH_2)_6-NHC(=O)-(CH_2)_5]_n$$

锦纶-66

另一类是由内酰胺缩聚或开环聚合得到的，例如锦纶-6，它的原料既不是二酸也不是二胺，而是含 6 个碳原子的己内酰胺开环聚合而得。

环己烷 $\xrightarrow{[O]}$ 环己酮 $\xrightarrow{NH_2OH}$ 环己酮肟 $\xrightarrow{PCl_3}$ 己内酰胺

$$n\text{(己内酰胺)} \xrightarrow{催化剂} [NHC(=O)-(CH_2)_5]_n$$

锦纶-6

这个首尾相连的酰胺有 6 个碳原子，所以称为己内酰胺。纯己内酰胺不会自行聚合，但有少量水做催化剂时，在 C—N 键处断裂，己内酰胺就变成了 6-氨基正己酸：

$$H_2N-CH_2-CH_2-CH_2-CH_2-CH_2-C(=O)OH$$

一个分子的氨基（或羧基）和另一个分子的羧基（或氨基）发生酰胺化反应，如此连续不断地酰胺化，最终形成高聚物。

尼龙是美国杰出的科学家卡罗瑟斯（Carothers）及其领导下的一个科研小组研制出来的，是世界上的第一种合成纤维。尼龙的出现使纺织品的面貌焕然一新,它的合成是合成纤维工业的重大突破,同时也是高分子化学的一个重要里程碑。

2.2 食

民以食为天,这深刻道出了食品对人类生存和发展的重要性。食物是指能够满足机体正常生理和生活要求,并能延续正常寿命的物质,对于人体而言就是要满足人的正常活动需求。

对于人类来说,食物要充足,要满足需要。因此人类研制了化学肥料和化学农药,用以提高粮食产量。为了将食物保存时间长一些,需要食品添加剂等。在这里我们对化学肥料、化学农药和食品添加剂进行讨论。

2.2.1 化学肥料

化学肥料,简称化肥,是作物的"粮食",它供给作物生长发育所必需的养分,是作物增产的重要物质基础。化肥是农业生产最基础也是最重要的物质投入,同时也是最迅速、最有效的增产措施。化肥主要有氮肥、磷肥、钾肥等,另外还可以制成复合肥料和微量元素肥料等。

1. 化学氮肥

(1) 氨

氮是植物体内蛋白质的重要成分,吸收适量的氮肥能使植物的枝叶茂盛,叶片增大,这可以促进叶绿素的形成,从而有利于光合作用,提高农作物的产量。由于长年累月地从土地里吸收养分,土地中的自然肥含量会降低。因此就必须不断地向土地施肥。

众所周知,空气中有大量氮气,但是除少数豆类植物和三叶草外,作物一般没有能力直接从空气中吸取氮气作为氮素营养。植物所需的营养是靠植物根部从土壤中吸收的,为此农业耕种的要素之一就是向土壤施肥,传统的方法是使用农家肥。所谓农家肥实际上就是人和牲畜的粪便,这种肥料的缺点是:农家肥中真正的氮肥含量很低,因此需要大量泼施,施肥效果不稳定。化学家们早就希望能有一种化学物质来取代农家肥,这种化肥必须符合以下几个条件:

① 这是一种简单的化合物,易于合成;
② 原料丰富,价格低廉;
③ 这种化合物必须有极好的水溶性。

根据这几个条件,人们很快就想到了氨(ammonia)。氨是一种十分简单的化合物,理论上由氢和氮合成,氮气几乎可以认为是取之不尽,用之不竭的;氢气的来源也十分丰富,很容易得到。同时,氨在水中的溶解度极大,在0℃时,1体积的水可以吸收1200体积的氨,在20℃时可以吸收700体积的氨。另外,氨分子中含氮量达到82%以上,这是一种极为理想的化学氮肥。

然而,这个貌似简单的反应,实际上却不简单。起初,人们尝试在各种条件下以氢气和氮气合成氨,都以失败而告终。究竟是什么原因呢?原来,化学反应是一个破旧立新的过程,先是原有的化学键断裂,再建立新的化学键。在这个反应中,先要分别打开氢气的 H—H 单键和氮气的 N≡N 叁键。其中,要打开叁键,需要极高的能量,在现有的条件下是无法实现的。这犹如相距不远的 A 和 B 两地,从 A 到 B 本来轻而易举,但却有一座喜马拉雅山横在路中,因而使两地相通成为不可能。合成氨反应也是如此,反应过程中的位能如图 2-1 所示。

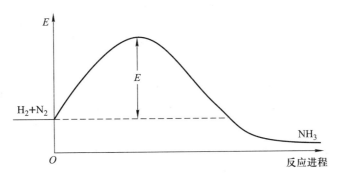

图 2-1　合成氨位能示意

图中 E 为反应所需的活化能,也就是说分子必须达到这个能量才能参与反应。怎样才能实现这个合成氨反应呢?正如我们需要从 A 地到 B 地一样,既然有座跨越不了的高山,我们就绕道走。1913 年,德国化学家哈伯(Haber)成功地以氢气和氮气反应合成氨。他所使用的方法就是"绕道走"。在他的方法中采用了一种催化剂 α-Fe,成功实现了氨的合成。催化剂的存在改变了原有的反应途径,大大地降低了反应所需的活化能,如图 2-2 所示。

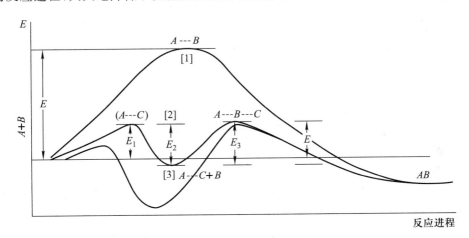

图 2-2　催化合成氨反应位能示意

氨合成的原理是将氢气和氮气按 3∶1 的比例混合进行反应,基本反应式如下:
$$N_2 + 3H_2 \longrightarrow 2NH_3 \quad \Delta H < 0$$
上述反应必须在高温、高压及有催化剂的条件下进行,因为 4 个分子的原料气体合成 2 个分子的氨,需要加压。生成 1 mol 氨,会释放出 53.2 kJ 的热量,低温有利于反应向生成物方向进行,但反应速率慢。所以在高温条件下加入催化剂 α-Fe,并将合成的氨气从气体混合物中分离,以利于反应继续进行。

合成氨所需的氮气来自空气,氢气来自水或燃料(煤、石油或天然气)。合成氨经氧化即可制取硝酸(HNO_3),它是氮肥工业的原料。反应式如下:
$$4NH_3 + 5O_2 \longrightarrow 4NO + 6H_2O$$

$$2NO + O_2 \longrightarrow 2NO_2$$
$$3NO_2 + H_2O \longrightarrow 2HNO_3 + NO$$

合成的氨可以直接作为氮肥施用,也可以作为生产其他氮肥的基本原料。迄今为止,除石灰氮外,其他的化学氮肥均由氨加工而成。

哈 伯[①]

赞扬哈伯的人说:他是天使,为人类带来丰收和喜悦,是用空气制造面包的圣人;诅咒他的人说:他是魔鬼,给人类带来灾难、痛苦和死亡。针锋相对、截然不同的评价,同指一人,令人愕然;哈伯的功过是非究竟如何,且看这位化学家一生所走的辉煌而又坎坷的道路。

1868年12月9日,哈伯出生于西里西亚的布雷斯劳(现属波兰),父亲是知识丰富又善经营的犹太染料商人,家庭环境的熏陶使他从小和化学有缘。哈伯天资聪颖,好学好问好动手,小小年纪就掌握了不少化学知识,他曾先后到柏林、海德堡、苏黎世求学,做过著名化学家霍夫曼和本生的学生。大学毕业后在耶拿大学从事有机化学研究,撰写过轰动化学界的论文,哈伯19岁就被德国皇家工业大学破格授予博士学位,1896年在卡尔斯鲁厄工业大学当讲师。1906年起哈伯任物理化学和电化学教授。

1904年,哈伯在两位企业家的大力支持下,开始研究合成氨的工业化生产,并于1909年获得成功,人类从此摆脱了依靠天然氮肥的被动局面,加速了世界农业的发展。合成氨生产方法的开发不仅开辟了获取化合态氮的途径,更重要的是,这一生产工艺的实现对整个化学工艺的发展产生了重大的影响。合成氨的研究来自理论指导,反过来,合成氨生产工艺的研究又推动了科学理论的发展。鉴于合成氨工业生产的实现及其对化学理论发展的推动,哈伯获得了1918年诺贝尔化学奖。

他的研究又给无数人带来伤害。第一次世界大战期间,哈伯负责研究用于战争的毒气,几百万人因此受伤并死亡。这也是很多人反对他获得诺贝尔奖的重要原因。

(2) 碳酸氢铵

1920年前后,人们发现利用焦炉煤气中的氨和二氧化碳反应可制取碳酸氢铵,有人尝试把它作为氮肥使用,但未获成功。1958年,中国迫切需要发展化肥工业,化工专家侯德榜成功开发了生产碳酸氢铵的新工艺。其特点是把碳酸氢铵的生产与合成氨原料气净化(脱除二氧化碳)过程结合起来,称为联碳法生产碳酸氢铵工艺,简化了流程,降低了能耗,减少了成本。通过对碳酸氢铵物性的改进和施肥技术的不断完善,这一方法在中国获得了迅速发展,20世纪80年代初,这种方法的氮肥产量约占中国氮肥总产量的一半以上。

碳酸氢铵,化学式NH_4HCO_3,分解温度35~60℃。纯碳酸氢铵是一种白色菱状晶体,但在工业生产中,常因混入杂质而颜色略发灰白,并带有氨味。

碳酸氢铵的化学性质不稳定,在常温下,也易分解,造成氮素的挥发损失。其反应式如下:
$$NH_4HCO_3 \longrightarrow NH_3\uparrow + CO_2\uparrow + H_2O$$
影响碳酸氢铵分解的主要因素是环境温度和肥料本身的含水量。温度越高,含水分越多,分解就越快。

---

① 资料来源:参考文献[9]。

碳酸氢铵是一种速效肥料,它的水溶性接近中性,适用于各种土壤或农作物,在土壤中没有残留物,对土壤没有破坏作用。但不能与石灰氮、草木灰等碱性肥料混合使用。

生产碳酸氢铵的主要原料是合成氨厂的主产品氨气和副产品二氧化碳。生产时,首先用水吸收氨气,制成20%的浓氨水,反应式为:

$$NH_3 + H_2O \longrightarrow NH_3 \cdot H_2O$$

然后,用20%的浓氨水吸收二氧化碳,生成碳酸铵溶液,反应式为:

$$2NH_3 \cdot H_2O + CO_2 \longrightarrow (NH_4)_2CO_3 + H_2O$$

最后,碳酸铵溶液进一步吸收二氧化碳,生成碳酸氢铵结晶,反应式为:

$$(NH_4)_2CO_3 + CO_2 + H_2O \longrightarrow 2NH_4HCO_3$$

上述三个反应均为放热反应。

在碳酸氢铵中加入一定量的磷酸铵和氧化镁以吸收碳酸氢铵中的吸湿水,形成磷酸镁铵,使碳酸氢铵的含水量降低,稳定性增加,这种方法称化学改性。

反应如下:

$$MgO + NH_4H_2PO_4 + 5H_2O \longrightarrow MgNH_4PO_4 \cdot 6H_2O$$

通过上述方法可明显增加产品的粒度,降低含水量,提高碳酸氢铵产品质量,降低氮素挥发损失。

除了碳酸氢铵,还有硫酸铵、氯化铵、硝酸铵等氮肥。然而,这些铵盐长时间使用后,土壤中会积累大量的阴离子,尤其是硫酸根和氯离子,它们会使土壤酸化,严重时会让土壤发硬板化,这严重影响了农业的操作和作物的生长。

人类社会始终是在追求完美中发展的,氮肥的发展也是如此。氨和铵盐化肥所暴露出来的问题迫使化学家们研究更好的化学氮肥。当化学家们将液氨和二氧化碳在高压下进行反应时,得到了一种白色的晶体物质,它们和从尿液提取出来的白色晶体物质一模一样,那就是尿素。

(3) 尿素

尿素是在1773年从尿中结晶离析时,第一次被发现的。1828年,维勒(Wöhler)用氨和氢氰酸首次合成了尿素:

$$NH_3 + HCNO \longrightarrow CO(NH_2)_2$$

这一合成制备方法是科学领域中的一个里程碑,因为尿素是第一个由无机物质合成的有机化合物。

尿素的化学名为碳酸二氨,分子式为$CO(NH_2)_2$,是一种无色、无味、无臭的晶体。它广泛存在于自然界中,如新鲜人类粪便中含尿素0.4%。尿素含氮(N)46.7%,是固体氮肥中含氮量最高的。

尿素易溶于水,在20℃时,100 mL水中可溶解105 g尿素,水溶液呈中性。尿素产品有两种。一种是结晶尿素,吸湿性强,吸湿后结块,吸湿速度比粒状尿素快12倍。另一种是粒状尿素,为粒径1~2 mm的半透明粒子,外观光洁,吸湿性有明显改善。20℃时,临界吸湿点为相对湿度80%,但30℃时,临界吸湿点降至72.5%,故尿素要避免在盛夏潮湿气候下敞口存放。在尿素生产中加入石蜡等疏水物质,其吸湿性大大下降。

工业上用液氨和二氧化碳为原料,在高温高压条件下直接合成尿素,化学反应分两步进行。

① 生成氨基甲酸铵:

$$2NH_3 + CO_2 \longrightarrow NH_2COONH_4$$

② 氨基甲酸铵脱水:

$$NH_2COONH_4 \longrightarrow CO(NH_2)_2 + H_2O$$

尿素是生理中性肥料,在土壤中不残留任何有害物质,长期使用也没有不良影响。但若在造粒中温度过高,就会对作物产生抑制作用,这是因为尿素在高温下发生缩合反应,产生少量缩二脲(又称双缩脲),缩二脲对作物有抑制作用。反应如下:

$$2CO(NH_2)_2 \longrightarrow NH_2-CO-NH-CO-NH_2 + NH_3$$

尿素是有机态氮肥,经过土壤中的脲酶作用,水解成碳酸铵或碳酸氢铵后,才能被作物吸收利用。因此,尿素要在作物需肥期前4~8天使用。

尿素适宜作基肥和追肥,有时也用作种肥。尿素在转化前是分子态的,不能被土壤吸收,应防止其随水流失。转化后形成的氨也易挥发,所以尿素要深施覆土。

2. 磷肥

磷是农作物种子里含量较多的营养元素,在数量上仅次于氮和钾。土壤中的磷含量不多,一般为 0.05%~0.35%,其中可为农作物吸收的有效磷只占其中的 30% 左右。为此必须不断地向土壤补充磷肥,以满足农作物的生长需要。磷肥施入土壤后,农作物吸收利用的只有当年施用量的 20%~40%,其余部分将被土壤固定,一年或几年后才能显示出肥效。

磷肥指的是含有植物所能吸收的磷的肥料。最早的磷肥是磷酸二氢钙也称为过磷酸钙,现已逐渐被磷酸铵和重过磷酸钙等高磷含量磷肥取代。磷肥的有效组分以五氧化二磷的质量分数表示。磷肥主要品种及其主要组成和性质如表 2-1 所示。

表 2-1 磷肥主要品种及其主要成分和性质

名 称	含量(P_2O_5%)	主 要 成 分	溶解性质
过磷酸钙	14~20	$Ca(H_2PO_4)_2 \cdot H_2O, CaSO_4$	水溶性
重过磷酸钙	42~46	$Ca(H_2PO_4)_2 \cdot CaHPO_4$	水溶性
磷酸二钙	38~48	$CaHPO_4 \cdot 2H_2O$ 或 $CaHPO_4$	不用于水,溶于柠檬酸铵溶液
偏磷酸钙	65~68	$Ca(PO_3)_2$	微溶于水,溶于柠檬酸铵溶液
脱氟磷酸钙	22~42	$\alpha\text{-}Ca_3(PO_4)_2$	不用于水,溶于柠檬酸铵溶液
钙钠磷肥	28~30	$CaNaPO_4$	不用于水,溶于柠檬酸铵溶液
熔融钙镁磷肥	16~32	$H_3PO_4(Ca_7MgSi)$	溶于 2% 柠檬酸铵溶液
钢渣磷肥	15~20	$5CaO \cdot P_2O_5 \cdot SiO_2$ 和 $7CaO \cdot P_2O_5 \cdot 2SiO_2$	溶于柠檬酸铵溶液

近代产量最大的磷肥品种是磷酸铵类肥料,它们是既含磷,又含氮的复合肥料。磷酸铵类肥料指的是磷酸一铵和磷酸二铵或两者的混合物,由磷酸和氨合成,其中和反应式如下:

$$H_3PO_4 + NH_3 \longrightarrow NH_4H_2PO_4$$
$$H_3PO_4 + 2NH_3 \longrightarrow (NH_4)_2HPO_4$$
$$H_3PO_4 + 3NH_3 \longrightarrow (NH_4)_3PO_4$$

其中,磷酸三铵不稳定,生成后立即放出氨而变成磷酸二铵,反应式为:

$$(NH_4)_3PO_4 \longrightarrow (NH_4)_2HPO_4 + NH_3 \uparrow$$

3. 钾肥

钾肥,全称钾素肥料。对农作物而言也是不可缺少的,与氮和磷一样,为植物营养三要素之一。钾肥是以钾为主要养分的肥料,植物体内的钾含量一般占干物质重的 $0.2\%\sim 4.1\%$,仅次于氮。钾在植物生长发育过程中,参与 60 种以上酶系统的活化,包括光合作用、同化产物的运输、碳水化合物的代谢和蛋白质的合成等过程。

土壤中的钾包括 3 种形态:① 矿物钾。主要存在于土壤粗粒部分,约占全部钾的 90%,植物极难吸收。② 缓效性钾。占全部钾的 $2\%\sim 8\%$,是土壤速放钾的来源。③ 速效性钾。指吸附于土壤胶体表面的代换性钾和土壤溶液中的钾离子。如果这些钾都能被利用,则土壤中的钾对于植物生长是足够的,可以用上一二百年。然而,土壤中的钾主要以矿物形式存在,绝大多数(98%以上)不能为植物所用,这迫使人们不得不向土壤施有效钾肥。

钾肥的来源主要也是含钾的矿石,如可溶性的钾盐——氯化钾、硫酸钾以及它们的复盐。自然界存在氯化钾含量极高的矿——钾石矿,其中还含有氯化钠。加拿大盛产这种矿石,用这种矿石制作钾肥,加工流程简单,生产成本低,所以这种矿石是钾肥工业的主要原料。

钾肥的另一个丰富来源则是海水。海水是目前已探明的含钾最丰富的资源。粗算其含钾量可达 5 000 000 亿吨,但由于海水量大,因此海水中钾的浓度其实很低,每吨海水仅含 0.38 kg 钾。因此,从海水中直接提取钾肥的经济成本使其工业化的可能性不大。尽管如此,海水这种丰富的钾资源仍然是一种潜在的钾肥来源。

生产水泥过程中产生的窑灰也含有钾,把窑屋及烟囱中排出的烟灰收集起来,就是很好的钾肥。

最后,还得提一提农村中常用的草木灰,这也是一种钾肥。草木灰中一般含有 5%的钾。施用草木灰时,不要在大雨前施撒,施撒后也不要大量浇水。因为草木灰中的钾盐主要是碳酸钾,极易溶于水,很容易流失。此外,草木灰是碱性的,不宜和酸性的化肥(如硫酸铵等)混用。

4. 复合肥

复合肥是指在一种化肥中同时含有氮、磷、钾三要素中两种或两种以上的肥料。常用的复合肥有磷酸一铵、磷酸二铵、磷酸二氢钾等。

磷酸一铵主要成分是 $NH_4H_2PO_4$,适合各类作物,作基肥、种肥均可。作种肥要避免与种子接触,用量也应减少,做追肥应多施。

磷酸二铵主要成分是 $(NH_4)_2HPO_4$,适合各类作物,作基肥、种肥均可。作种肥要避免与种子接触,用量也应减少,做追肥应多施。

磷酸二氢钾主要成分是 KH_2PO_4,多用于根外追肥,浓度为 $2\%\sim 3\%$。

5. 微量元素化肥

如果我们将植物煅烧成灰,从灰中可以分析出碳、氢、氮、磷、钾这样的常量元素,此外还有一些其他的元素。它们的数量虽然极微,但植物既然含有这些元素,就证明这些元素必然是植物生长过程中所必需的元素,如硼、锰、锌、铜、钴、钼、铁等。

微量元素是植物体内酶、维生素、激素等的组成部分,直接参与植物的代谢过程。在土壤里通常会含有这些植物所需的微量元素,但由于植物对这些元素的需求量极微,所以人们并不在意其作用。一旦土壤里缺少了某种微量元素,植物的生长就会受到影响,此时微量元素化肥的施撒则会出现奇效。

一般把所需的微量元素的化合物跟玻璃融化在一起,研成粉末,撒在地里,这样就不易被雨水冲失,肥效可持续几年。我国目前生产和使用的微量元素肥料中产量较大的是硼肥和钼肥。其中硼肥的主要品种为硼砂,其次是硼酸和硼泥等。

硼砂化学名称为四硼酸钠或硼酸钠,又称月石砂,化学式为 $Na_2B_4O_7 \cdot 10H_2O$,含硼量 11%。工业硼砂为无色半透明或白色结晶粉末;无臭,味咸;密度为 1.73 g/cm^3,易溶于水,在干燥空气中易风化。可以用作基肥、追肥、喷施和浸种。

硼酸化学式为 H_3BO_3,含硼量 17%。硼酸实际上是氧化硼的水合物($B_2O_3 \cdot 3H_2O$),为白色粉末状结晶或鳞片状带光泽结晶,有滑腻手感,无臭味;密度为 1.435 g/cm^3(15℃);能溶于水、酒精、甘油、醚类及香精油,水溶液呈弱酸性。硼酸在水中的溶解度随温度升高而增大,并随水蒸气挥发;在无机酸中的溶解度要比在水中的溶解度小。可作为基肥、追肥、浸种、拌种和喷施用。

硼泥是生产硼砂的下脚料,每生产 1 吨硼砂可得 4~5 吨硼泥。硼泥中含有可利用的硼,因含少量碱,通常呈碱性。除可利用的硼外,硼泥中的镁、硅、钙、铁均对作物有一定作用,故可直接作为硼肥使用。亦可以硼泥为原料制取硼镁肥($H_3BO_3 \cdot MgSO_4$)等。硼泥可以作基肥。

我国钼矿资源丰富,凡是能够被作物吸收利用的含钼物质,都可作为钼肥。如仲钼酸铵[$(NH_4)_6Mo_7O_{24} \cdot 4H_2O$,含钼 54%],三氧化钼($MoO_3$,含钼 66%),钼酸钠($Na_2MoO_4 \cdot 2H_2O$,含钼 39%)。经过焙烧的辉钼矿石以及含钼的工业废料均可作为钼肥施用,其中仲钼酸铵效果最好。仲钼酸铵的生产原料为钼精矿(含 85% MoS_2)其生产过程中的化学反应如下:

$$MoS_2 + \frac{7}{2}O_2 \longrightarrow MoO_3 + 2SO_2$$

$$MoO_3 + 2NH_4OH \longrightarrow (NH_4)_2MoO_4 + 2H_2O$$

$$4(NH_4)_2MoO_4 + 6HCl \longrightarrow (NH_4)_2O \cdot 4MoO_3 \cdot 2H_2O \downarrow + 6NH_4Cl + H_2O$$

$$(NH_4)_2O \cdot 4MoO_3 \cdot 2H_2O + 6NH_4OH \longrightarrow 4(NH_4)_2MoO_4 + 5H_2O$$

$$7(NH_4)_2MoO_4 + 8H_2O \xrightarrow{\triangle} (NH_4)_6Mo_7O_{24} \cdot 4H_2O + 8NH_4OH$$

2.2.2 化学农药

农药与人类生产、生活息息相关。那么,究竟什么是农药呢?根据《农药管理条例》的定义,农药是指用于预防、控制危害农业、林业的病、虫、草、鼠和其他有害生物以及有目的地调节植物、昆虫生长的化学合成或者来源于生物、其他天然物质的一种物质或者几种物质的混合物及其制剂。

农药是现代农业的"卫士",对保卫农业丰收功不可没。据有关资料统计,世界谷物生产中每年因病、虫、草、害导致的损失达 35%~40% 之多。而进行理想防治与不进行防治比较,其产量可相差 50%,这是何等可观的数字。我国幅员辽阔,气候差异大,病、虫、草、害种类繁多,对农药的需求就更为迫切。

人类最早使用的农药是用自然界中已有的物质(如矿石和动植物)制作而成的。最有名的就是波尔多液(硫酸铜加石灰水)及石灰硫磺合剂。可以看出,波尔多液的每个组分都或多或少对昆虫和病菌有杀伤力。例如,波尔多液中的石灰水是氢氧化钙,具有较强的碱性;硫酸铜($CuSO_4$)本身就有杀菌作用,生活中常用硫酸铜来达到杀菌的目的。然而,两者的结合起到的作用不是简单的叠加,而是有更强的杀灭作用。波尔多液的问世,曾消灭了一场蔓延甚广的葡萄园病虫害。

然而人们对这种杀虫剂的效果并不满意。能否通过化学方法合成一些化学物质,专门用来杀灭害虫呢？这就导致了合成农药的出现。农药的种类很多,如有机氯农药、有机磷农药、金属有机农药、氨基甲酸酯类农药、拟除虫菊酯类农药等。在此介绍一些典型农药。

1. 有机氯类农药

这类农药是含氯的有机化合物,大部分是含一个或几个苯环的氯衍生物。最主要的品种是DDT和六六六,此外还有艾氏剂、狄氏剂和异狄氏剂、氯丹七氯等。

DDT,又称滴滴涕,化学名为双对氯苯基三氯乙烷,是有机氯杀虫剂,结构如图2-3所示。为白色晶体,不溶于水,可溶于煤油,可制成乳剂,是一种非常有效的杀虫剂。20世纪上半叶,DDT在防止农业病虫害,减轻疟疾、伤寒等蚊蝇传播的疾病危害方面起到了不小的作用。

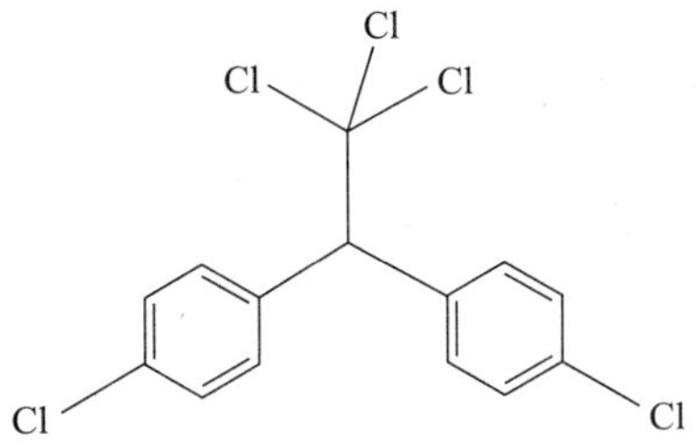

图 2-3 DDT 的结构式

DDT以三氯乙醛、氯气和苯为原料,通过如下反应制备得到(图2-4):

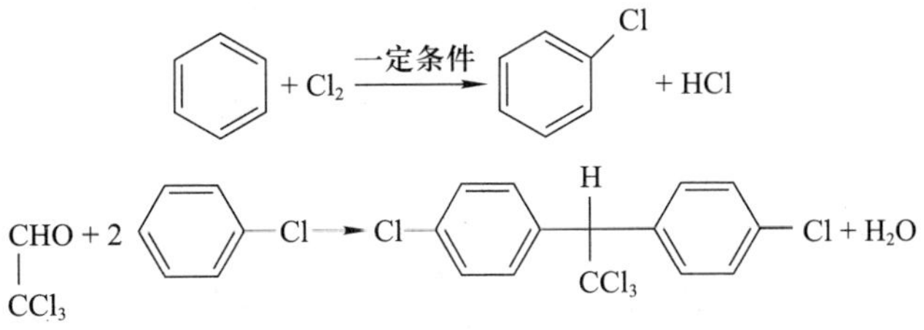

图 2-4 DDT 的制备过程

在很短的时间内,DDT立刻在全世界范围内得到了极为广泛的应用,并取得了巨大的效果。根据世界卫生组织的统计,它至少挽救了1500万人的生命,更多的人摆脱了传染病。

和DDT同时使用的有机氯农药还有六六六,它的化学结构式见图2-5。

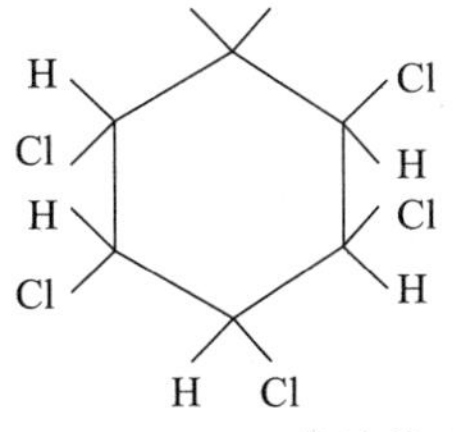

图 2-5 六六六的结构式

因为该化合物中正好是 6 个碳、6 个氢、6 个氯,所以被称为六六六。与石灰拌在一起,撒在阴暗潮湿的地方可起到杀菌消毒的作用。

它的制备过程是氯气与苯反应,生成六氯环己烷(图 2-6):

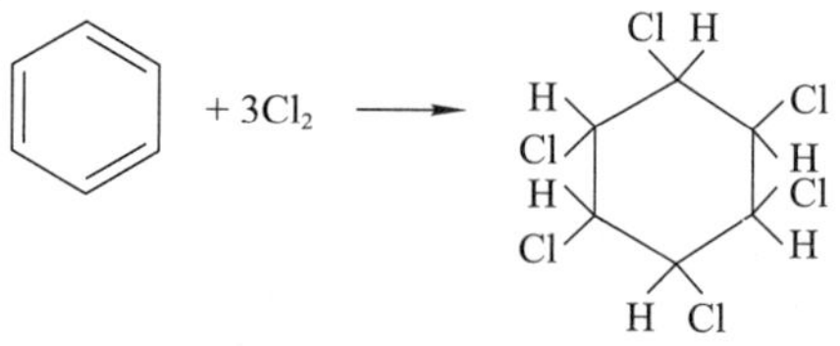

图 2-6　六六六的合成过程

六氯环己烷有多种异构体,其中只有两种异构体具有杀虫活性。它有挥发性,在高温日晒下逐渐转化为气体而挥发,遇到强碱或在铝粉、铁粉和各种铁盐的影响下,容易分解脱去 HCl,失去杀虫效力。

有机氯农药的特点是化学性质稳定,在环境中残留时间长,短期内不易分解。易溶于脂肪,并能在脂肪中蓄积,甚至在南极企鹅体内也检测出 DDT。有机氯农药是造成环境污染的最主要的农药类型,如鸟类体内的 DDT 会导致蛋无法正常孵化。目前,许多国家都已禁止使用此类农药,我国在 1985 年全部禁止生产和使用。

2. 有机磷类农药

有机磷农药,是指含磷元素的有机化合物农药。其化学结构一般含有 C—P 键或 C—O—P 链、C—S—P 链、C—N—P 链等,大部分是磷酸酯类或酰胺类化合物。根据毒性的大小,有机磷类农药又可分剧毒类、中毒类和低毒类三类。

(1) 剧毒类

对硫磷(1605)、内吸磷(1059)等属于剧毒类农药。

对硫磷,化学名称为 O,O-二乙基-O-(4-硝基苯基)硫代磷酸酯(图 2-7),是一种棕色且带有大蒜气味的油状液体,在水中溶解度很小,在有机溶剂中容易溶解,所以总是配成乳油使用。

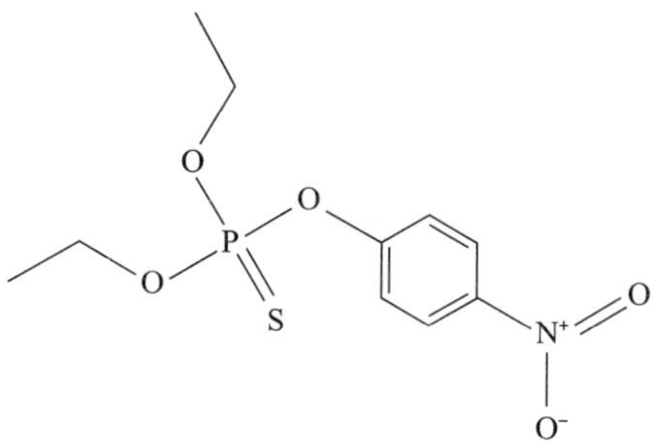

图 2-7　对硫磷的结构式

对硫磷是一种广谱高毒杀虫剂,兼有杀螨作用,具强烈的触杀和胃毒作用,有一定熏蒸作用,无内吸作用,但有较强的渗透作用。可防治水稻、棉花和果树等作物上的多种害虫,主要防治水稻螟虫、棉铃虫、玉米螟、高粱条螟、三化螟、二化螟、大螟等害虫。

内吸磷,为O,O-二乙基-O-(2-乙硫基乙基)硫代磷酸酯与O,O-二乙基-S-(2-乙硫基乙基)硫代磷酸酯的混合物,是一种淡黄色微溶于水的油状液体,带有硫醇臭味,有剧毒。

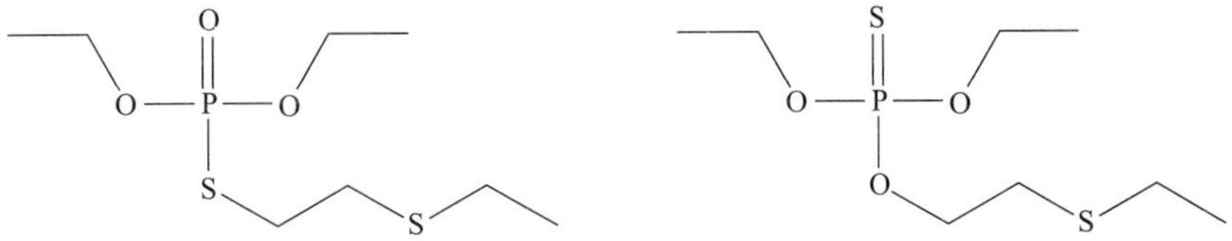

O,O-二乙基-S-(2-乙硫基乙基)硫代磷酸酯　　　　O,O-二乙基-O-(2-乙硫基乙基)硫代磷酸酯

图 2-8　内吸磷的结构式

内吸磷主要用来防治棉花和果树上的蚜虫和红蜘蛛等刺吸式口器害虫,或涂茎法防治高粱蚜虫。内吸磷杀虫活性很强,但它们的毒性也高,使用过内吸磷杀虫剂的地区,当年夏天不用点蚊香,蚊子都消失了。同时,在河里或者湖里的鱼虾也急剧减少。人们开始担心,这些有机磷杀虫剂在杀虫的同时是否对人类也有危害。安全问题被提到首要地位。

(2) 中毒类

敌敌畏是常见的中毒类农药。化学名称为O,O-二甲基-O-(2,2-二氯乙烯基)磷酸酯,工业产品均为无色至浅棕色液体,挥发性大,室温下在水中溶解度1%,煤油中溶解度2%～3%。能溶于有机溶剂,易水解,遇碱分解更快。为广谱性杀虫、杀螨剂。具有触杀、胃毒和熏蒸作用,对害虫击倒力强而快。

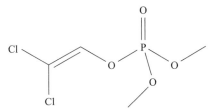

图 2-9　敌敌畏的结构式

(3) 低毒类

乐果和敌百虫为常见的低毒类农药。

乐果,化学名为O,O-二甲基-S-(N-甲基氨基甲酰甲基)二硫代磷酸酯,易被植物吸收并输

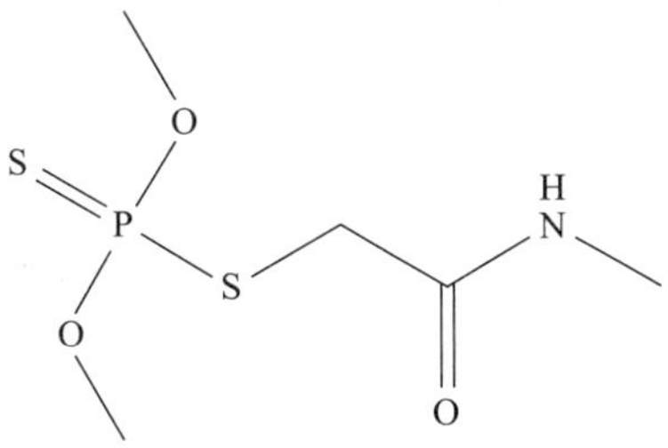

图 2-10　乐果的结构式

导至全株。在酸性溶液中较稳定,在碱性溶液中迅速水解,故不能与碱性农药混用。乐果是高效广谱的杀虫杀螨剂,具有触杀性和内吸性。对多种害虫,特别是刺吸式口器害虫,具有更高的毒效。杀虫范围广,能防治蚜虫、红蜘蛛、潜叶蝇、蓟马、果实蝇、叶蜂、飞虱、叶蝉、介壳虫等。乐果能在植物体内保持药效达一周左右。

敌百虫,化学名为 O,O-二甲基-(2,2,2-三氯-1-羟基乙基)膦酸酯,能溶于水和有机溶剂,性质较稳定,但遇碱则水解成敌敌畏,其毒性增大了 10 倍。毒性以急性中毒为主,慢性中毒较少。

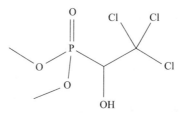

图 2-11 敌百虫的结构式

农药均具有毒性,除了杀虫,还对各类生物都有影响。所以,在农药开发中,安全是第一位的。在全球范围内,提出了化学家们必须遵守的"八字方针"——高效、低毒、价廉、广谱。高效是指杀虫的活性;低毒是指对人和动物的毒性要低;廉价是指价格便宜,减轻农民的负担;广谱是指一种农药可以杀灭多种类型的害虫。评价和衡量一种新开发的农药是否能投入使用,就必须使用"八字方针"。例如,低毒应当参考动物实验有关参数——"致死中量"(LD_{50})。LD_{50} 是指能使一组被测试的生物体群体 50% 死亡的药剂量,通常以试验动物的每千克体重来表示。如:

农药名称	$LD_{50}/(mg \cdot kg^{-1})$
内吸磷(1059)	2~3
对硫磷(1605)	4~13
敌敌畏	50~80
乐果	700~1150
敌百虫	1700~1900

从上述数据可以看出,内吸磷和对硫磷这类杀虫剂的毒性极高,对人和牲畜的威胁太大,所以不适宜作为农药。从 20 世纪 70 年代开始,世界各国已经陆续禁用有机磷农药中毒性较大的品种。人们期待着有更好的农药出现。

3. 氨基甲酸酯类农药

氨基甲酸酯类农药是在有机磷酸酯之后发展起来的合成农药,在水中溶解度较高。一般无特殊气味,在酸性环境下稳定,在碱性环境下分解。其基本结构属于碳酸衍生物。

甲萘威是其中的一种。其化学名称为 1-萘基-N-甲基氨基甲酸酯。

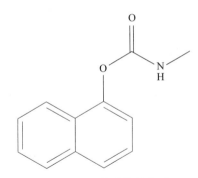

图 2-12　甲萘威的结构式

此类化合物分解的产物一般为二氧化碳、胺类、酚类和醇类，这些分解物一般无毒或低毒，很少出现毒性很大的化合物。目前的资料表明，氨基甲酸酯是一类相当安全的农药，它们能很快代谢，并从哺乳动物体内排出。因此，在农业、林业和牧业等方面得到了广泛的应用。

氨基甲酸酯类农药虽然符合八字方针，效果很好，但其制备过程依然存在着潜在的危险，因为合成原料有剧毒。例如，甲萘威由异氰酸甲酯与 α-萘酚作用而成，而异氰酸甲酯是剧毒的。因此，人们仍然需要开发更安全的农药。

4. 拟除虫聚酯类农药

印度盛产一种菊花，在开花期间，没有一种昆虫敢停留在这种花上，即使抓一个昆虫放在上面，它也会立即挣扎着离开菊花。因此，人们称这种花为除虫菊，用这种花制成的蚊香，有极好的驱蚊效果。经过研究发现，花中有名为除虫菊酯的化合物，于是科学家们据此合成了拟除虫聚酯类农药。新一代高效低毒农药诞生。

1949 年，人们合成了首种人工模拟的拟除虫菊酯——烯丙菊酯。

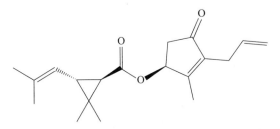

图 2-13　烯丙菊酯的结构式

烯丙菊酯和天然除虫菊酯的结构基本一致，只是 R 基团为烯丙基。在最近的几十年里，合成的拟除虫菊酯的新品种越来越多，展现出诱人的应用前景。

由于传统农药给环境和人类的健康带来了重大影响，已不适应环境的发展要求。因此，农药未来的发展方向是绿色农药。绿色农药即为对人类健康安全无害、对环境友好、超低用量、高选择性以及通过绿色工艺流程生产出来的农药。绿色农药的研发方向，主要包括高效灭杀且无毒副作用的化学合成农药与富有成效的生物农药。未来，绿色农药呈现四大发展趋势：水性化——

减少污染,降低成本;粒状化——避免粉尘飞扬;高浓度化——减少载体与助剂用量,减少材料消耗;功能化——能更好地发挥药效。就技术层面而言,业界开始关注植物体农药开发,利用转基因技术培育抗虫作物、抗除草剂作物,实现少用农药,甚至不用农药的目的,从而减少农药对生态环境的影响。

2.2.3 食品添加剂

食品添加剂是指为改善食品的色、香、味,或根据防腐和加工工艺的需要而加入食品中的化学合成或天然物质。在20世纪30年代,正是因为使用了食品添加剂,食品工业有了飞速的发展。今天,食品制作场地已由厨房扩展到工厂,这些工厂遍及世界各地,市场中琳琅满目的食品,例如各式各样的冰激凌、方便面、肉肠、鱼肠、醋几乎都使用了各种食品添加剂。可以说,21世纪,我们已经无法摆脱食品添加剂的影响了,而这些食品添加剂也随着食品日复一日地进入我们的体内。因此,我们有必要了解它们的性质及其对人体的影响。

食品添加剂的种类很多,根据其来源不同,可分为天然食品添加剂和合成食品添加剂两大类。由于天然食品添加剂一般成本都比较高,所以目前大多使用合成食品添加剂。根据其功能可分为防腐剂、抗氧剂、食用色素、发色剂、漂白剂、调味剂、增稠剂、乳化剂、膨松剂、香精、香料等。

1. 防腐剂

为了防止各种加工食品、水果和蔬菜腐败变质,可以根据具体情况使用物理方法或化学方法来防腐。化学方法是使用化学物质来抑制或杀灭微生物,这些化学物质即为防腐剂。狭义的防腐剂主要指山梨酸、苯甲酸等直接加入食品中的化学物质。广义的防腐剂除包括狭义防腐剂之外,还包括那些通常认为是调料而具有防腐作用的物质(如食盐、醋),以及那些通常不直接加入食品,但在食品储藏过程中应用的消毒剂和防霉剂等。没有防腐剂就没有如此丰富多彩的食品。

(1) 苯甲酸

苯甲酸俗称安息香酸,外观为白色结晶或粉末,微甜并带咸味。常温下难溶于水(20℃时溶解度为 0.34 g/100 mL,90℃时则为 4.55 g/100 mL),溶于乙醇、丙醇等有机溶剂。在热空气下稍具挥发性,在100℃左右升华,熔点122.4℃,沸点249.2℃。因苯甲酸的水溶性差,通常制成钠盐后使用。

苯甲酸亲油性大,易透过细胞膜,进入细胞内,从而干扰微生物细胞膜的通透性,抑制细胞膜对氨基酸的吸收。进入细胞内的苯甲酸分子,电离酸化细胞内的碱储,并能抑制细胞的呼吸酶系的活性,从而起到食品防腐作用。

在限量内使用苯甲酸是安全的,它在生物转化过程中可与甘氨酸结合形成马尿酸,或与葡萄糖结合形成葡萄糖苷脂,并由尿液排出体外。

苯甲酸(钠)可用于各种食品,如酱油、酱菜、果酱、腐乳、果子露、汽水、各种罐头等的防腐。

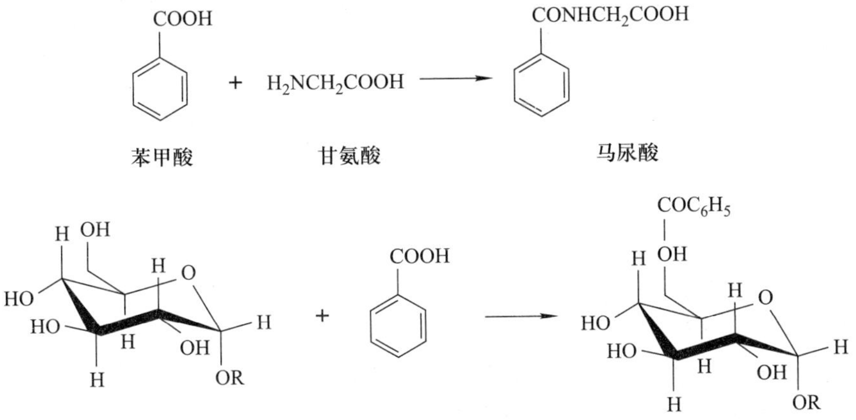

图 2-14 苯甲酸的两种生物化学过程

(2) 山梨酸及其盐类

山梨酸也称花楸酸,化学名称为 2,4-己二烯酸。它是一种白色针状结晶,熔点为 134.5 ℃,沸点为 228 ℃。微溶于水,易溶于丙二醇、无水乙醇和甲醇等。食用后可参与体内正常新陈代谢,一般对人体无害。据测定,其毒性仅为苯甲酸的 1/4。相比较而言,山梨酸(盐)比苯甲酸(盐)更安全。

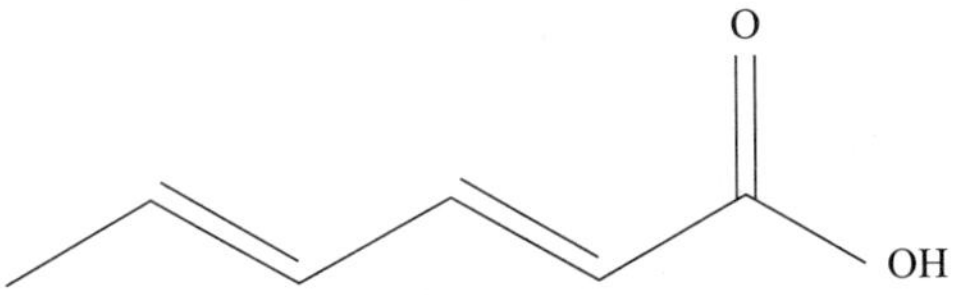

图 2-15 山梨酸的结构式

山梨酸钾为白色至浅黄色鳞片状结晶、晶体颗粒或晶体粉末,无臭或微有臭味,长期暴露在空气中易吸潮、被氧化分解而变色,是我国允许使用的一种具有广谱杀菌型的食品防腐剂。它容易获得,价格低廉,成为很多食品企业最中意的食品防腐剂。山梨酸钾作为毒性最低的防腐剂,普遍应用在食品以及饲料加工业,同时也用于化妆品、香烟、树脂、香料以及橡胶等行业当中。

山梨酸钾和山梨酸的防腐机理相同,即与微生物酶系统的巯基结合从而破坏许多酶系统的作用。山梨酸钾可以有效抑制霉菌、好氧性细菌以及酵母菌的活性,还可以防止葡萄球菌、肉毒杆菌以及沙门氏菌等微生物的繁殖,实现延长食品保存期的目的,同时保持食品原有的风味。不过它对厌氧芽孢菌还有嗜酸乳杆菌等微生物是无效的。它的抑制发育作用要强于其杀菌作用。

(3) 亚硝酸钠

亚硝酸钠($NaNO_2$)易潮解,易溶于水,其水溶液呈碱性,pH 约为 9,微溶于乙醇、甲醇、乙醚等有机溶剂。亚硝酸钠暴露于空气中,会与氧气反应生成硝酸钠。若加热到 320℃ 以上则分解,生成氧气、氧化氮和氧化钠。接触有机物易燃烧爆炸。亚硝酸钠与肉制品中肌红蛋白、血红蛋白接触,可生成鲜艳、亮红色的亚硝基肌红蛋白或亚硝基血红蛋白,可产生腌肉的特殊风味。鉴于亚硝酸钠对肉类腌制具有多种有益的功能,现在世界各国允许用它来腌制肉类,主要作为腊肉、酱肉、板鸭、火腿、腊肠、灌肠、肉罐头等肉类食品的防腐剂和护色剂使用。用量需要严加限制。

亚硝酸钠的防腐作用可以通过三种途径达到效果：干扰微生物的酶系，抑制活性，阻碍新陈代谢；迫使蛋白质凝固变性，阻止生存繁殖；改变细胞浆膜的渗透性，抑制新陈代谢和酶反应，使细胞失去活性。

亚硝酸钠本身具有一定的毒性，其使用的明确标准是对人体无害，不影响消化道菌群，能够降解为食物的正常成分，不影响抗生素的使用，在食品加热处理时不会产生有害成分。

2. 着色剂

着色剂是使食品着色和改善食品色泽的物质，通常包括食用合成色素和食用天然色素两大类。食用合成色素主要指用化学合成方法人工制得的有机色素。目前，世界各国允许食用的合成色素几乎都是水溶性色素。按化学结构可将其分为偶氮类和非偶氮类。偶氮类色素按溶解性分为油溶性色素和水溶性色素。由于油溶性色素不易排出体外，毒性较大，所以一般食用色素都是带有水溶性磺酸钠基团的。食用天然色素多是从植物中提取的。

(1) 化学合成色素

随着化学工业和食品工业的发展，合成色素得到广泛应用。由于合成色素无营养价值，而且某些还对人体有害，因此世界各国对合成色素的使用种类和使用量都有明确规定。

a. 柠檬黄

柠檬黄又称酒石黄，化学名称为 1-(4-磺酸苯基)-4-(4-磺酸苯基偶氮)-5-吡唑啉酮-3-羧酸三钠盐，是一种橙黄色粉末，微溶于酒精，不溶于其他有机溶剂。

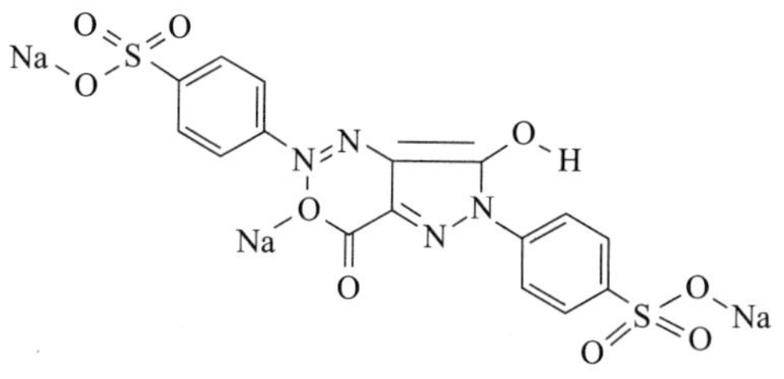

图 2-16 柠檬黄的结构式

柠檬黄属于水溶性合成色素。之所以能用作食品药品染色剂，是因为它安全度比较高，基本无毒，不在体内贮积，绝大部分直接排出体外，少量可经代谢排出，其代谢产物对人无毒性作用。柠檬黄可广泛用于冷冻饮品、果冻、风味发酵乳、饮料、罐头、糖果包衣等的着色。

b. 苋菜红

苋菜红(图 2-17)，又名鸡冠花红，化学式为 $C_{20}H_{11}N_2Na_3O_{10}S_3$，是一种暗红色至紫色粉末，易溶于水，能溶于甘油和丙二醇，微溶于乙醇，不溶于油脂。

苋菜红有酸性染料的特性，能使动物纤维着色。根据我国《食品添加剂使用卫生标准》(BG 2760—1996)的规定，苋菜红可用于果汁(味)饮料类、碳酸饮料、配制酒、糖果、糕点上彩装、渍制小菜、红绿丝、染色樱桃罐头(装饰用)。最大使用量为 0.05g/kg，婴儿代乳食品不得使用。

c. 日落黄

日落黄，化学名称为 6-羟基-5-[(4-磺酸基苯基)偶氮]-2-萘磺酸二钠盐，是橙红色粉末或颗粒，溶于甘油、丙二醇和水，微溶于乙醇，不溶于油脂。

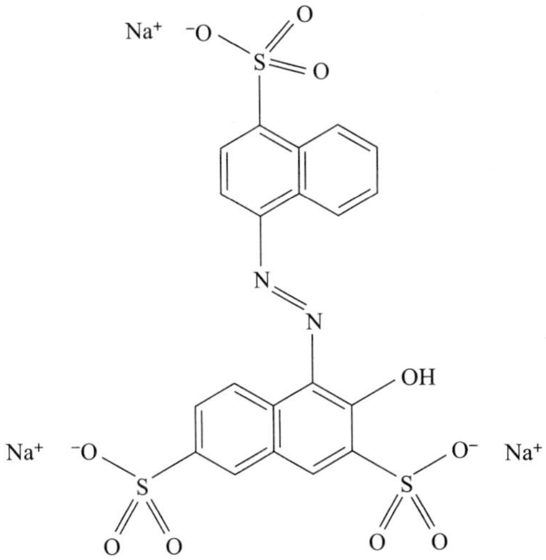

图 2-17 苋菜红的结构式

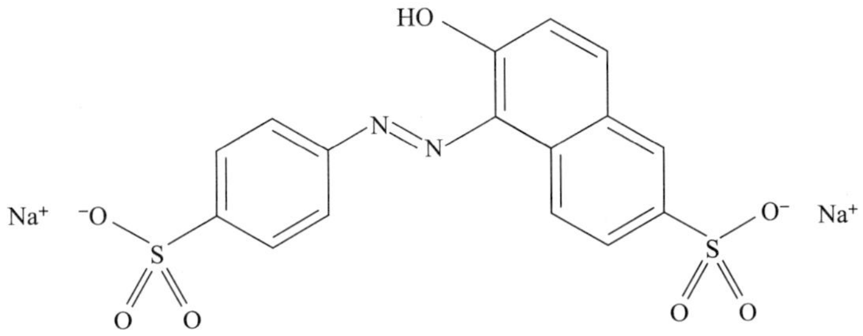

图 2-18 日落黄的结构式

日落黄属于水溶性偶氮类色素,经长期药物试验,人们认为它安全性高,世界各国普遍许可用于食用。它可用于食品、药物和化妆品的着色,可用于果味水、果味粉、果子露、汽水、罐头、糕点、裱花、糖果包衣等。但不能添加在生肉、鲜肉和熟肉制品中。

d. 胭脂红

胭脂红(图 2-19),又名食用赤色 102 号,为水溶性偶氮类着色剂,其化学名称为 1-(4′-磺酸基-1′-萘偶氮)-2-萘酚-6,8-二磺酸三钠盐,是苋菜红的异构体。它是一种红色至深红色均匀颗粒或粉末,无臭。溶于水,水溶液呈红色,溶于甘油,微溶于酒精,不溶于油脂。

胭脂红主要用于果汁饮料、配制酒、碳酸饮料、果糖、糕点、冰激凌、酸奶等食品的着色,而不能用于肉干、肉脯、水产品等食品中,这主要是为了防止一些不法分子通过食用色素,将不良的原料肉如变质肉的外观掩盖起来,欺骗消费者。

以上化学合成着色剂仍然有一定的安全问题。有临床经验丰富的儿科主任医生指出,少儿行为过激常常与长期过多进食含合成色素的食品有关。少儿正处于生长发育期,体内器官功能比较脆弱,神经系统发育尚不健全,对化学物质敏感,若过量、过久地进食含合成色素的食品,会影响神经系统的冲动传导,刺激大脑神经出现躁动、情绪不稳、注意力不集中,自制力差、行为过

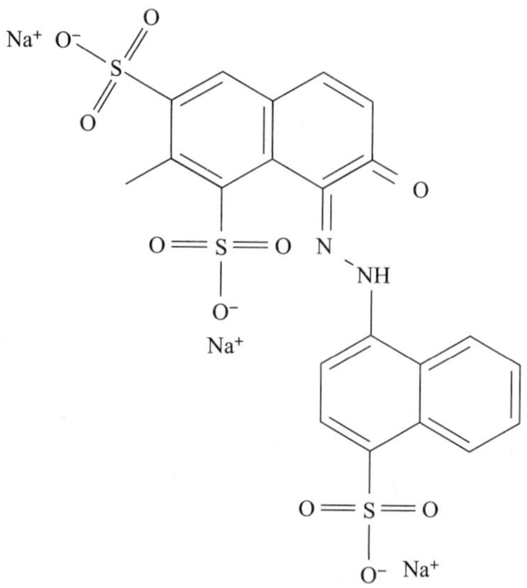

图 2-19 胭脂红的结构式

激等症状。同时,由于少儿肝脏解毒功能及肾脏排泄功能不够健全,过多的食用色素会干扰体内正常代谢功能,从而导致腹泻、腹胀、腹痛、营养不良、智力低下和多种过敏症。所以儿童更应当注意控制色素的摄入量,尽可能少食用经过染色处理的食品。

(2) 食用天然色素

a. 叶绿素

叶绿素是高等植物和其他所有能进行光合作用的生物体所具有的一类绿色色素。它吸收大部分的红光和紫光但反射绿光,所以叶绿素呈现绿色,蔬菜和未成熟的果实就呈现绿色。叶绿素属于吡咯色素(图 2-20),分子中含有一个卟啉环的"头部"和一个叶绿醇的"尾巴"。镁原子在卟

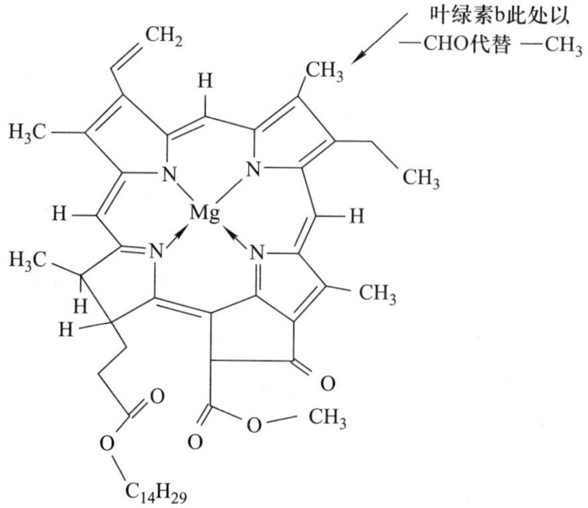

图 2-20 叶绿素的结构式

啉环的中央,偏向于带正电荷,与其相连的氮原子则偏向于带负电荷,因而卟啉环具有极性,是亲水的,可以与蛋白质结合。

在活体绿色植物中,叶绿素既可发挥光合作用,又不会发生光分解。但在加工储藏过程中,叶绿素经常会受到光和氧气作用,被光解为一系列小分子物质而褪色。因此,应当正确选择包装材料和方法,以及适当使用抗氧化剂,以防止光氧化褪色。

在食品加工中所用的绿色主要来自叶绿素铜钠盐(图 2-21),它是以植物(如菠菜)或干燥的蚕沙为原料,用酒精或丙酮抽提出叶绿素,再使之与硫酸铜或氧化铜作用,以铜取代叶绿素中的镁,再用 NaOH 溶液皂化,制成膏状或进一步制成粉末。

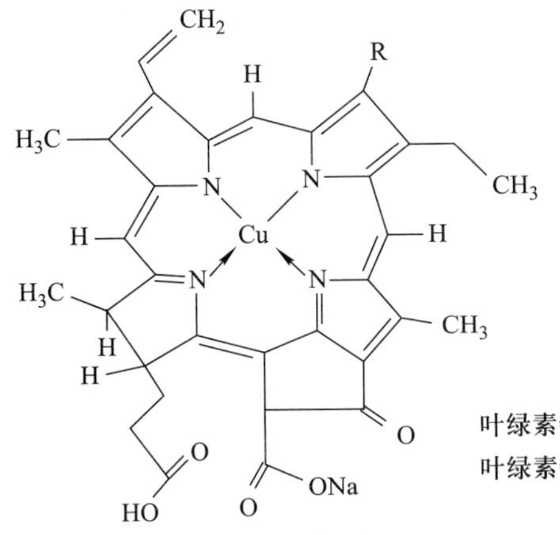

叶绿素铜钠盐a：R= —CH$_3$
叶绿素铜钠盐b：R= —CHO

图 2-21 叶绿素铜钠盐的结构式

叶绿素铜钠盐为蓝黑色带金属光泽的粉末,有胺类臭味,易溶于水,稍溶于乙醇和氯仿,几乎不溶于乙醚和石油醚。其水溶液呈蓝绿色,耐光性较叶绿素强,是良好的天然绿色色素,可用于对罐装青豌豆、薄荷酒、糖果等着色,翠绿夺目,效果甚好。

b. 红曲色素

红曲色素(图 2-22),又名红曲红,是以大米、大豆为主要原料,经红曲霉液体发酵培养、提取、浓缩、精制而成及,或以红曲米为原料,经萃取、浓缩、精制而成的天然红色色素。

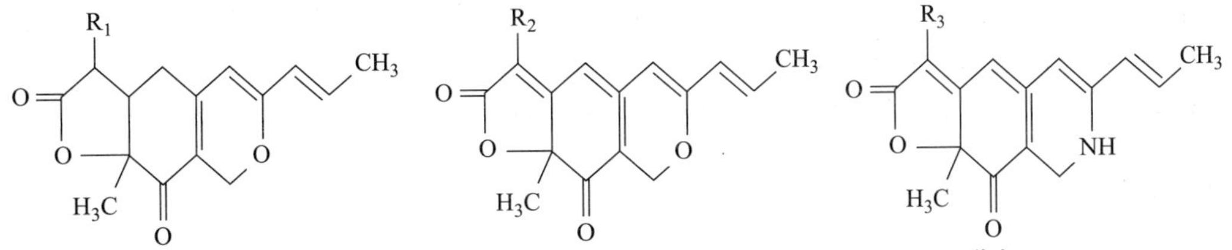

(黄色)
R_1= —COC$_3$H$_1$
红曲素
R_1= —COC$_7$H$_{15}$
黄红曲素

(橙色)
R_2= —COC$_5$H$_{11}$
红斑红曲素
R_2= —COC$_7$H$_{15}$
红曲玉红素

(紫色)
R_3= —COC$_5$H$_{11}$
红斑红曲胺
R_3= —COC$_7$H$_{15}$
红曲玉红胺

图 2-22 红曲色素的结构式

c. 紫胶色素

紫胶虫在梧桐、芒果等寄生植物上的分泌物是一种中药材。将之用水浸泡后取浆红盐酸酸化,加氯化钙使之沉淀,再酸化制得紫胶色素,无毒。紫胶色素有溶于水和不溶于水的两大类,溶于水的称为虫胶红酸或紫胶酸,有 A、B、C、D、E 五种,结构如图 2-23 所示。

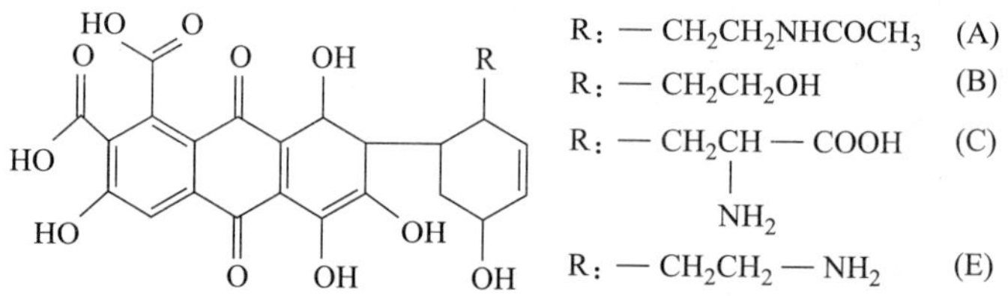

紫胶酸A、B、C、E结构式

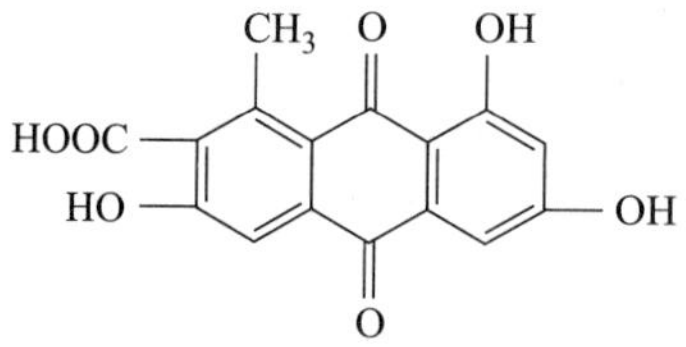

R：—$CH_2CH_2NHCOCH_3$ (A)

R：—CH_2CH_2OH (B)

R：—$CH_2CH—COOH$ (C)
　　　　　 |
　　　　　 NH_2

R：—$CH_2CH_2—NH_2$ (E)

紫胶酸D结构式

图 2-23 紫胶色素的结构式

食用色素种类繁多,建议购买食品时注意食用色素的成分。近年来,由于化学合成色素的安全性问题,各国实际使用的品种数逐渐减少。食用天然色素来自天然物,且大多是可食资源利用一定的加工方法所获得的有机着色剂,但它们的色素含量和稳定性等一般不如化学合成色素。不过,食用天然色素的安全性一般比化学合成色素高,尤其是来自水果、蔬菜等的食用天然色素更是如此。因此,食用天然色素的发展很快,各国许可使用的品种在不断增加。

食品添加剂还包括酸度调节剂、抗结剂、消泡剂、抗氧化剂、增白剂、膨松剂、发色剂、乳化剂、调味剂、被膜剂、保水剂、营养强化剂、固定剂、食品香料、催熟剂等等。

2.3 住

近年来,随着我国经济的迅猛发展,人们的物质生活水平得到了前所未有的提高。人们不止要求吃饱、穿暖、有房住,而且要求吃好、穿好、居住更舒服,特别是对住房要追求品位。建造好的住房,离不开建筑材料,几乎所有的建筑材料都和化学有关。

2.3.1 硅酸盐材料

1. 水泥

水泥是一种粉状水硬性无机胶凝材料。加水搅拌后成浆体,能在空气中硬化或者在水中硬化,并能和砂、石等材料牢固地胶结在一起,形成较高强度的整体。水泥的出现,是人类建筑材料发展中的划时代标志。水泥的品种极多,通常是指硅酸盐水泥。

硅酸盐水泥的主要成分为硅酸三钙,是用黏土(主要成分为 $SiO_2 \cdot xAl_2O_3$)和石灰石

($CaCO_3$,有时需要加少量氧化铁粉)作为原料,经煅烧成熟料。将熟料磨细,再加一定量的石膏而成,其中主要成分为 CaO(占总质量的 62%~67%)、SiO_2(20%~24%)、Al_2O_3(4%~7%)和 Fe_2O_3(2%~5%)等。

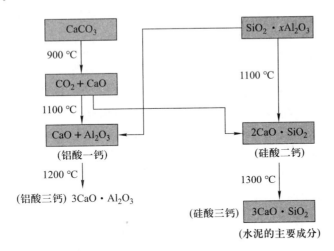

图 2-24 水泥制备流程示意

可以看出,水泥实际上是一种复杂的混合物。水泥加适量的水调和成浆,经过一段时间后,便会凝结硬化。水泥的凝结和硬化是一个复杂的物理-化学过程,其根本原因在于构成水泥熟料的矿物成分本身的特性。水泥熟料矿物遇水后会发生水解或水化反应而变成水化物,由这些水化物按照一定的方式,靠多种引力互相搭接和联结形成水泥石的结构,形成一定的强度。

普通硅酸盐水泥熟料主要是由硅酸三钙($3CaO \cdot SiO_2$)、硅酸二钙($\beta\text{-}2CaO \cdot SiO_2$)、铝酸三钙($3CaO \cdot Al_2O_3$)和铁铝酸四钙($4CaO \cdot Al_2O_3 \cdot Fe_2O_3$)四种矿物组成的。这四种矿物遇水后均能发生水化反应,但由于它们本身矿物结构上的差异以及相应水化产物性质的不同,各矿物的水化速度和强度也有很大的差异。水化速率为:铝酸三钙>铁铝酸四钙>硅酸三钙>硅酸二钙。而水泥的凝结时间,早期强度主要取决于铝酸三钙和硅酸三钙。

水泥的凝结和硬化过程可以分为两个阶段,第一阶段是从具有可塑性和流动性的水泥浆变成非流动性,并丧失可塑性。这个凝结阶段尚不具有强度。第二阶段才是真正的硬化而获得机械强度。

首先,铝酸三钙在加水后产生水化反应:

$$3CaO \cdot Al_2O_3 + 6H_2O \longrightarrow 3CaO \cdot Al_2O_3 \cdot 6H_2O \quad (水化铝酸钙,不稳定)$$

上述铝酸三钙的水化反应如果进行得很快,会导致水泥凝结过快而无法使用。因此,一般在粉磨水泥时都会掺入适量的二水石膏作为缓凝剂。掺石膏后铝酸三钙的水化反应为:

$$3CaO \cdot Al_2O_3 + 3[CaSO_4 \cdot 2H_2O] + 26H_2O \longrightarrow 3CaO \cdot Al_2O_3 \cdot 3CaSO_4 \cdot 32H_2O$$

这个反应的发生不会引起快凝。当水泥中的石膏完全作用后,如果还有多余 $3CaO \cdot Al_2O_3$ 时,将发生以下反应:

$$3CaO \cdot Al_2O_3 \cdot 3CaSO_4 \cdot 32H_2O + 2[3CaO \cdot Al_2O_3] + 4H_2O \longrightarrow 3[3CaO \cdot Al_2O_3 \cdot CaSO_4 \cdot 12H_2O]$$

如果仍然有过量的,就会生成 $4CaO \cdot Al_2O_3 \cdot 13H_2O$。在正常的缓凝的硅酸盐水泥中,石膏掺入量能保证在浆体结硬以前,不会发生后两个反应。

硅酸三钙的水化反应：

$$3CaO \cdot SiO_2 \cdot 2H_2O \longrightarrow 2CaO \cdot SiO_2 \cdot H_2O + Ca(OH)_2$$

铁铝酸四钙水化反应和铝酸三钙相似，反应如下：

$$4CaO \cdot Al_2O_3 \cdot Fe_2O_3 + 7H_2O \longrightarrow 3CaO \cdot Al_2O_3 \cdot 6H_2O + CaO \cdot Fe_2O_3 \cdot H_2O$$

而硅酸二钙水化反应和硅酸三钙相似，反应如下：

$$2CaO \cdot SiO_2 + H_2O \longrightarrow CaO \cdot SiO_2 \cdot H_2O + Ca(OH)_2$$

硅酸三钙水解时所得的水化硅酸二钙在水中是不溶解的，但同一反应所生成的氢氧化钙就很容易溶解。溶解饱和后便析出胶体的氢氧化钙，使水化硅酸二钙和水化铝酸三钙变成凝胶状胶体。这些胶体赋予了水泥一定的黏性，并具有较大的可塑性。水泥的颗粒小，开始和水反应只是在颗粒表面进行，在水泥颗粒周围形成的凝胶外膜，造成了颗粒内水化反应的困难。此时由于凝胶含水量较大，因此机械强度较差。经过一段时间后，凝胶中的水分被颗粒内部吸收，逐步完成所有的水化反应，这就是第二阶段的硬化过程。这也就是水泥在铺完之后要等一段时间后才能使用的原因。有时水泥铺完后还要在上面铺一些草袋，并不断地浇水，这也是为了让水化反应完成得彻底些。

2. 玻璃

玻璃是生活中最常用的材料之一，在采光、隔热和装饰中被大量采用。玻璃是非晶无机非金属材料，是无定形硅酸盐的混合物，它的基本结构为硅氧四面体。排列上杂乱无章，属无定形结构，因此，玻璃没有固定熔点，而是在一定的温度范围内会软化。处于软化状态的玻璃可以吹制或轧制成任何形状。

图 2-25　玻璃窗和玻璃茶具

普通玻璃为钠玻璃，是以砂、碳酸钠和碳酸钙共熔而成的。反应如下：

$$Na_2CO_3 + CaCO_3 + 6SiO_2 =\!=\!= Na_2CaSi_6O_{14} + 2CO_2$$

所得产物虽然以 $Na_2CaSi_6O_{14}$ 或 $Na_2O \cdot CaO \cdot 6SiO_2$ 来表示，但玻璃实际上是组成不确定的硅酸盐混合物。玻璃中的 SiO_2 成分越高，就越耐高温。如，石英玻璃中的 SiO_2 的含量超过 80%，所以就特别耐高温。再添加一点三氧化二硼，就可降低它的热膨胀系数，因而它不会因骤冷或骤热而破裂。

还有一些玻璃是为特殊用途而制备的，在普通玻璃的配方中加入一些特殊成分就构成了所谓的特种玻璃。若在玻璃中以钾取代钠，则可得到熔点较高和较耐化学作用的钾玻璃。这种玻璃多用于制造耐高温的化学玻璃仪器,如燃烧管、高温反应器等。如果同时将钠玻璃中的钙以铅代替,则可制得有高折光性和高比重的钾-铅玻璃,这就是光学玻璃的原料,也是用于雕刻艺术的车料玻璃。

生活中,我们常看到五彩缤纷的彩色玻璃,这是在制造玻璃时,加入少量有颜色的金属化合物而制得的。

现在有一种眼镜片会变色,带着它在室外阳光下行走时,它是一副墨镜,回到室内它又变成一副普通眼镜,这又是怎么回事呢?其实,这是在镜片玻璃中加入了卤化银(AgCl 或 AgBr),并进行适当的热处理后制得的。当阳光照到玻璃上时,卤化银分解,银原子聚集成较大的银粒,使玻璃变黑(实际是深棕色),能挡住 80%~90% 的光线;一旦强光消失,卤素与银又化合为卤化银,玻璃便自动褪色,又恢复了透明度。

加入物	颜色
氧化铜(CuO)或氧化铬(Cr_2O_3)	绿色
氧化钴(Co_2O_3)	蓝色
氧化亚铜(Cu_2O)	红色
二氧化锰(MnO_2)	紫色
氧化锡(SnO_2)或氟化钙(CaF_2)	乳白色
硅酸亚铁(Fe_2SiO_4)(量多)	黑色
硅酸亚铁(Fe_2SiO_4)(量少)	暗绿色

在玻璃表面上进行镀层处理,可以得到许多装饰性玻璃,最常见的就是镀银制镜。它利用还原剂和银氨络离子反应析出银,这就是银镜反应。常用含有醛基的葡萄糖作为还原剂,其化学反应如下:

$$2Ag(NH_3)_2OH + RCHO \longrightarrow 2Ag\downarrow + RCOONH_4 + 3NH_3 + H_2O$$

氢氟酸(HF)对玻璃有腐蚀作用,因为它发生如下反应:

$$SiO_2 + 6HF \longrightarrow H_2SiF_6 + 2H_2O$$

可以利用这种腐蚀作用,将玻璃的一面腐蚀成不透明,制成所谓的毛玻璃。也可利用氢氟酸来刻蚀玻璃,制成各种工艺品。

3. 陶瓷

在硅酸盐工业中,出现最早的工艺就是制陶、烧瓷。

中国是瓷器的故乡,在距今约 4500 年的新石器时代,我们的祖先就已经制出陶制的各种生活、生产器具,用来储存粮食、装水、蒸煮食物,是生活中不可缺少的。几千年来,人类的生活一直没有离开过陶瓷器具,过去,人们还用陶瓷制成凳、台、枕头等。即使是现在,我们的餐具、餐台、茶具、酒具大多数仍是陶瓷制品。

普通陶瓷又称传统陶瓷,其主要原料是黏土($Al_2O_3 \cdot SiO_2 \cdot H_2O$)、石英($SiO_2$)和长石($K_2O \cdot Al_2O_3 \cdot 6SiO_2$)。通过调整三者比例,可得到不同的抗电性能、耐热性能和机械性能。

一般来说,普通陶瓷坚硬,但脆性大,绝缘性和耐腐蚀性极好。

随着科学技术日新月异地发展,陶瓷的应用越来越广。各种专业用途的陶瓷纷纷出现,在人类社会中起着更加重要的作用。

现代陶瓷又称特种陶瓷,是指具有特殊力学、物理或化学性能的陶瓷,应用于各种现代工业或尖端科学技术,所用的原料和所需的生产工艺技术已与普通陶瓷有较大的不同。

2.3.2 建筑智能材料

智能材料是一种能感知外部刺激,能够判断并适当处理且本身可执行的新型功能材料。

现在,科学家们正在研制使桥梁、高大的建筑以及地下管道等设施能自诊其"健康"状况,并能自行"医治疾病"的材料。这方面,美国伊利诺伊大学的研究已初见成效,该大学建筑研究中心的卡罗琳·德赖开发出了两种"自愈合"纤维,这两种纤维能分别感知混凝土中的裂缝和钢筋的腐蚀。粘合裂缝的纤维是用玻璃丝和聚丙烯制成的多孔中空纤维,将其掺入混凝土中,在混凝土过度扰曲时,它会被撕裂,从而释放出一些化学物质,来充填和粘合混凝土的裂缝。德赖开发的另一种纤维能感知造成钢筋腐蚀的酸度。若把这种纤维包在钢筋周围,当钢筋周围的酸度达到一定值时,纤维的涂层溶解,从纤维中释放出阻止混凝土中的钢筋被腐蚀的物质。另外,加拿大多伦多大学的专家们成功地研制成了一种"聪明混凝土",可通过电脑遥控和监视桥梁的情况,大大减少了桥梁的维修工作。

2.4 行

交通工具是现代人生活中不可缺少的一部分。随着时代的变化和科学技术的进步,我们周围的交通工具越来越多,给每一个人的生活都带来了极大的方便。陆地上的汽车,海洋里的轮船,天空中的飞机,大大缩短了人们交往的距离,提高了运力。交通工具离不开金属材料,这里谈谈金属材料及其防腐。

2.4.1 金属材料

金属是人类最早使用的材料,也是目前使用最多的材料。它可分为黑色金属和有色金属两大类。前者包括铁、铬、锰及其合金,余下的金属及其合金均为有色金属。

1. 钢铁

在地壳中含量最多的 10 种元素及其所占的质量分数(%)如下:

O	Si	Al	Fe	Ca	Na	Mg	K	Ti	H
46.4	27.2	8.3	5.6	4.2	2.4	2.3	2.1	0.57	0.14

由表中数据可见,铁在地壳中的含量仅次于氧、硅和铝,居第 4 位,它主要以 +2 和 +3 价的氧化物和硫化物等矿物形态存在。铁的氧化物有 3 种,氧化亚铁(FeO)、三氧化二铁(Fe_2O_3)和

四氧化三铁(Fe_3O_4)。FeO 是黑色晶体,不稳定,在空气中受热会氧化成 Fe_3O_4。Fe_2O_3 是红棕色晶体,俗称赤铁矿。Fe_3O_4 是具有磁性的黑色晶体,俗称磁铁矿。

钢铁是铁和碳等少量元素形成的合金体系的总称,是用量最大、对国计民生最重要的金属材料。它的优势地位源于下列因素:

① 铁在地壳中含量多,许多地方铁矿富集,易于开采;
② 铁矿石可通过热化学方法冶炼成金属,成本低廉;
③ 金属铁具有延展性及其他优良的物理性质;
④ 容易在冶炼中添加其他物料,得到适应各种用途需要的合金;
⑤ 可通过烧铸、压膜、锻打、冷轧和淬火等多种处理工艺,改变其组成、形状和物性,满足使用的要求。

生铁是在高温下用还原剂将铁矿石还原得到的。炼铁的主要原料是铁矿石、焦炭、石灰石、空气。铁矿石有赤铁矿(Fe_2O_3)和磁铁矿(Fe_3O_4)等。焦炭的作用是提供热量并产生还原剂一氧化碳。石灰石用于造渣、除脉石,使冶炼生成的铁与杂质分开。炼铁的主要设备是高炉。冶炼时,铁矿石、焦炭和石灰石从炉顶进料口由上而下加入,同时将热空气从进风口由下而上鼓入炉内,在高温下,反应物充分接触反应得到铁。图 2-26 给出炼铁高炉的结构及其中不同高度上的主要化学反应。

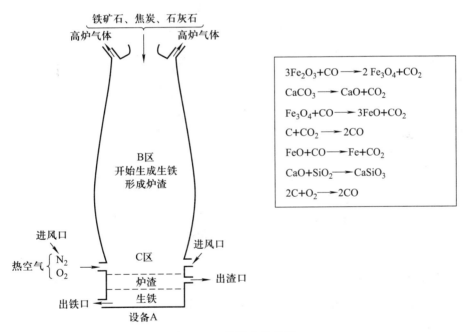

图 2-26 炼铁高炉示意

纯铁是一种银灰色有光泽的金属,常压下熔点为 1538℃,沸点 2738℃。在 20℃时,密度为 7.87g/cm³。铁是磁性物质,这源于原子结构中 3d 轨道上存在的未成对电子。纯铁质软、强度差,只有把铁炼成钢并除去硫和磷等杂质,才能具有较高的硬度和强度。钢中的含碳量是影响钢的性质的关键。钢铁中,含碳量<0.02%的称为纯铁,>2.0%的称为生铁,在这中间的称为钢。

钢中碳含量<0.25%的介于为低碳钢,0.25%～0.60%的为中碳钢,>0.60%的为高碳钢。从高炉出来的铁含碳3%～4%,是生铁。

钢的化学性质和物理性质,例如耐腐蚀性、磁性、强度和韧性等依赖于它的化学组成和热处理工艺。在碳钢中加入一定数量的一种或多种其他元素,能形成品种多样的合金钢,品种数量超过千种。冶金化学家根据所要求的钢的性能以及炼钢和炼铁时所用原料的化学成分,精心配料,设计冶炼和热处理工艺,以达到所需要的性能。下列举几类不同用途的合金钢。

① 工具钢:适用于制作刀、斧、锉等,要求硬度高、耐磨性好。通常在高碳钢中加入钼、钨等元素。

② 结构钢:适用于架设桥梁铁轨和建造房屋等,要求具有坚和韧的特点。坚是指它能经得起各种应力的考验,韧是指它在承受巨大负荷的情况下也不断裂,只发生一点塑性变形。通常在碳钢中加入锰、硅等元素形成。

③ 超高强度钢:适用于制造装甲车、坦克和潜艇等,它能较好地抵抗枪弹和炮弹。生产这类钢材,除要求钢材合适的化学成分外,特别要注意热处理的工艺。

④ 不锈钢:在海水或酸性溶液中不会生锈的钢,它具有耐热性和抗氧化性,抗腐蚀能力强,适用于制造化工厂中的反应器、海水净化装置及多种家用设备。耐酸不锈钢中通常含铬16%～18%,镍6%～8%及其他元素。

⑤ 硅钢:用于制造电力变压器中的铁芯,含硅量最高。

⑥ 碳素钢:一般还含有少量的硅、锰、硫、磷。碳钢中含碳量越高则硬度越大,强度也越高,但塑性越低。火车皮就是由一种碳素钢合金做成的。

2. 铝合金

铝在地壳中的含量仅次于氧和硅,约8.3%,居第3位,是地壳中含量最丰富的金属元素。由于铝是活泼金属,极易和氧气反应,常常采用电解熔融氧化物生产铝。三氧化二铝(别名刚玉)熔点很高,达到2050℃,需要熔化在冰晶石(Na_3AlF_6)中,在950～960℃进行电解得到金属铝。铝是一种银白色金属,熔点660℃,沸点2519℃,密度2.702 kg/cm³,仅为铁的1/3,其强度可与合金钢媲美。铝的导电性、导热性及耐腐蚀性均较优良。铝在大气中虽极易与氧气作用,但会生成一层致密的保护层,即三氧化二铝薄膜,可防止铝继续氧化。因此,铝材稳定,而不会出现像钢材一样的生锈现象。

铝没有低温脆性,但有可塑性和较好的延展性。在0℃以下,随着温度降低,其强度和塑性均有提高,不会降低。铝无磁性,冲击铝材不会产生火花。同时,铝-镁系、铝-锰系合金的成分和组成比较简单,塑性好,焊接性好,特别是耐腐蚀性好;铝-镁-锌系、铝-镁-铜系、铝-镁-硅系等系列合金的强度较高。因此,铝合金在航空、电子、汽车、火车、建筑等各个方面都被广泛应用。

铝中加入少量锂(及其他元素)所制成的铝锂合金,具有质轻而比强度(强度/密度)和比刚度高的特点,是航空、航天的理想结构材料。例如,一架大型民航客机的蒙皮改用铝锂合金,飞机质量可减轻50 kg。铝合金为提高航速、节约燃油作出了很大的贡献。

3. 钛合金

钛是20世纪50年代发展起来的一种重要的结构金属,具有其他金属难以比拟的特性。钛的性能与其中碳、氮、氢、氧等杂质含量有关,最纯的碘化钛杂质含量不超过0.1%,但其强度低、塑性高。99.5%工业纯钛,密度为4.5 g/cm³,仅为钢的60%;熔点1725℃,介于铝和铁之间;线膨胀系数小,为8.3×10^{-6}/℃,是铝的1/3,铁的2/3。金属钛受热时热应力小,导热性差,仅为铁的1/5,铝的1/13。钛的强度高,如果加入适量的合金元素,可得到强度极高的合金,一些高强度钛合金的强度超过了许多合金结构钢。因此钛合金的比强度远大于其他金属结构材料,可制出单位强度高、刚性好、质轻的零部件。飞机的发动机构件、骨架、蒙皮、紧固件及起落架等都可使用钛合金。

钛合金具有耐腐蚀性,在医疗、化工、石油等行业得到了广泛的应用。钛合金在潮湿的大气和海水介质中工作时,其抗腐蚀性远优于不锈钢;对电蚀、酸蚀、应力腐蚀的抵抗力特别强;对碱、氯化物、氯的有机物、硝酸、硫酸等有优良的抗腐蚀能力。如,生产尿素的反应塔、进行氯碱和氯酸盐电解的电极以及纯碱工业、海水淡化中的诸多设备都使用了钛合金。现在,高端眼镜框也用钛合金制造。

2.4.2 金属材料的防腐

生活中,我们经常看到锈迹斑斑的金属,全世界每年因腐蚀而损失的金属占总产量的10%以上。因此,在使用金属材料的同时,一定要注意防止它被腐蚀。

我们都知道,在干燥的空气中,钢铁材料不易生锈;而在潮湿的空气中,极易生锈。这是因为在潮湿的空气中,钢铁表面会吸附一层水膜。因二氧化碳的溶入,水膜呈微酸性,这等于在钢铁的表面上布了一层电解质溶液。钢铁中含有少量的碳,铁充当负极,碳充当正极,这就在铁和碳之间形成了无数个微小原电池。于是,铁不断地溶解形成铁离子,溶液中的氢离子被还原成氢气,铁被腐蚀,这就是电化学腐蚀。

金属防腐方法,即采用一定的防腐蚀技术和措施,延长金属材料及其制品的使用寿命、保证机件正常安全运行。

① 合理选材。各种腐蚀性介质对不同材料的腐蚀作用不尽相同,因而可在满足其性能要求的前提下,选择能抗相应腐蚀性介质的材料,在该介质环境中工作。

② 表面防护。经过一定的处理,使金属材料或其制品表面形成防护层,阻止金属与介质发生作用。例如涂漆,搪瓷,涂塑,镀锌的白铁皮,镀锡的马口铁等。

图 2-27　搪瓷锅

③ 介质处理。设法改变腐蚀性介质的性质，以避免或减轻金属的腐蚀。介质处理分两类：一是除去或减少介质中的有害成分，如去湿、除氧、脱盐等；二是添加缓蚀剂。

④ 电化学保护。用阴极保护或阳极保护的方法来控制金属在电解质介质中不受腐蚀或减少腐蚀。

第三章 色彩中的化学

色彩是人们生活中不可或缺的一部分。我们热爱五彩缤纷的世界,也希望自己的生活多姿多彩。试想,如果这个世界只有黑白,那么将是多么枯燥无味啊!美丽的色彩离不开化学,艳丽的化妆品、多彩的涂料、奇妙的烟花等等,都给人一种美的感觉。这一章让我们共同进入多姿多彩的化学世界。

3.1 艳丽的化妆品

化妆品是指以涂擦、喷洒或者其他类似的方法,散布于人体表面任何部位(皮肤、毛发、指甲、口唇),以达到清洁、消除不良气味、护肤、美容和修饰目的的化学工业日用品。化妆品有清洁、护理、营养、美容医疗等作用。一般来说,胭脂、口红、润肤霜、乳液等都可算作化妆品。

在原始社会,一些部落在祭祀活动时,会把动物油脂涂抹在皮肤上,使自己的肤色看起来健康而有光泽。由此可见,化妆品的历史几乎可以追溯到原始社会。在公元前5世纪到公元7世纪期间,各国有不少关于制作和使用化妆品的传说和记载,如古埃及人用黏土卷曲头发,古埃及皇后用锑粉和绿铜矿(孔雀绿)描画眼圈,用驴乳沐浴;古希腊美人亚斯巴齐用鱼胶掩盖皱纹。17世纪,埃及的纨绔子弟使用化妆品来掩盖其不常洗澡的陋习。18世纪,欧洲妇女盛行使用碳酸铅美白脸部。中国古代也喜好用胭脂抹腮,用头油滋润头发,衬托容颜的美丽和魅力。

但是,整个化妆品的历史,充满了美丽和安全的矛盾。例如碳酸铅在美白的同时,也使人中毒,甚至死亡。要做到安全使用化妆品,就必须了解化妆品,包括它的原料和添加剂。

化妆品的原料通常分为通用基质原料和天然添加剂。化妆品的通用基质原料包括以下几种:油性原料,是化妆品应用最广的原料,在护肤产品中起保护、润湿和柔软皮肤的作用,在发用产品中起定型、美发作用;粉性原料,主要用于制造香粉类产品;溶剂类原料,如水、醇等;乳化剂,能降低水的表面张力,具备去污、润湿、分散、发泡、乳化、增稠等功能;保湿剂,是膏霜类化妆品必不可少的原料,其作用是防止膏体干裂,保持皮肤水分;颜料、染料,主要用于制造美容修饰类产品;防腐剂、抗氧剂,可以在化妆品保质期内和消费者使用过程中抑制微生物生长;香料,可以增加化妆品香味,提高产品身价;其他原料,包括紫外线吸收剂、用于染黑发的染料中间体、烫发原料、抑汗剂、祛臭剂、防皮肤干裂的原料、防粉刺原料等。常见的天然添加剂有水解明胶、透明质酸、超氧化歧化酶(SOD)、蜂王浆、丝素、水貂油、珍珠、芦荟、麦饭石、有机锗、花粉、褐藻酸、沙棘、中草药等。

3.1.1 化妆品的基质原料

1. 油性原料

油脂和蜡类是组成膏霜化妆品、发蜡、唇膏等油蜡类化妆品的基本原料,对皮肤有护肤和润滑作用。化妆品使用的油脂和蜡类一般来自天然产物,如羊毛脂、蜂蜡、鲸蜡、橄榄油、椰子油、凡士林、卵磷脂等。

（1）单硬脂酸甘油酯,是制造雪花膏的主要原料,由它做出来的雪花膏,膏体细腻均匀。在自然界中,单硬脂酸甘油酯很少单独存在。然而,在动植物的油脂中,特别是牛油里含有丰富的三硬脂酸甘油酯。将其水解可以得到硬脂酸(图 3-1),产物经化学处理可把甘油和硬脂酸分开。纯净的硬脂酸为白色蜡状固体,熔点 69.4℃,可溶于醇、醚、二硫化碳(CS_2)和四氯化碳(CCl_4)等有机溶剂中。

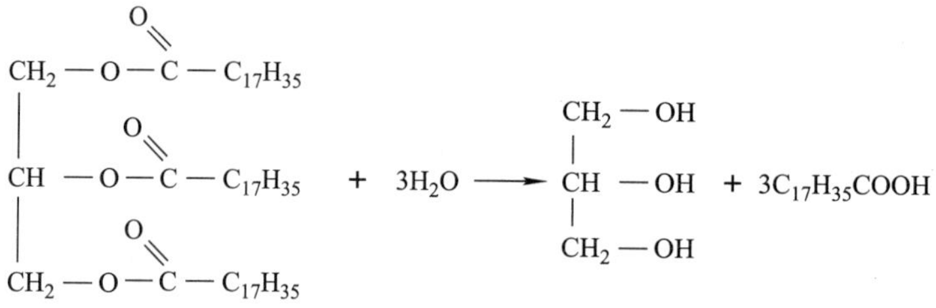

$$
\begin{array}{c}
CH_2-O-CO-C_{17}H_{35} \\
| \\
CH-O-CO-C_{17}H_{35} \\
| \\
CH_2-O-CO-C_{17}H_{35}
\end{array}
+ 3H_2O \longrightarrow
\begin{array}{c}
CH_2-OH \\
| \\
CH-OH \\
| \\
CH_2-OH
\end{array}
+ 3C_{17}H_{35}COOH
$$

图 3-1　三硬脂酸甘油酯水解过程

将甘油和熔融的硬脂酸加热再酯化,形成单硬脂酸甘油酯(图 3-2)。

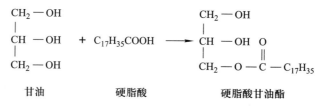

甘油　　　　　硬脂酸　　　　　硬脂酸甘油酯

图 3-2　单硬脂酸甘油酯的合成过程

（2）蓖麻油,是由蓖麻种子提炼而来的植物油,其组成成分有:80%～85%的蓖麻油酸,7%的油酸,3%的亚油酸,2%的棕榈酸,1%的硬脂酸。可燃但不易燃,溶于乙醇,略微溶于脂肪烃,几乎不溶于水,有轻微挥发性。可用于制造唇膏和美容润肤用品。

（3）羊毛脂,是附着在羊毛上的一种分泌油脂,为淡黄色或棕黄色的软膏状物,有黏性而滑腻。在氯仿或乙醚中易溶,在热乙醇中溶解,在乙醇中极微溶解。是优质的化妆品原料,对皮肤具有柔软、润滑、防止脱脂、脱水等功效。在毛纺行业洗涤羊毛的废水中可以获得。羊毛脂被广泛用于膏霜类化妆品和毛发化妆品,如防皱霜、防裂膏、洗发水、护发素、发乳、唇膏及高级香皂等。常用作油包水型乳化剂,是优良的滋润性物质。可使因缺少天然水分而干燥或粗糙的皮肤软化并得到恢复。它是通过延迟,而不是完全阻止水分透过表皮层来维持皮肤通常的含水量。

（4）凡士林,长链烃类化合物,是制作发蜡、发乳、防裂护肤霜等化妆品的重要原料。高黏度的石油馏分,经过脱蜡、掺加中等黏度润滑油,用硫酸和活性白土精制。用于化妆品的凡士林应该选用色白、无臭、结构细腻均匀的部分,呈半透明状。

（5）石蜡,无臭无味,为白色或淡黄色半透明固体,是从石油中提取出来的一种烃类混合物。是制造发蜡、冷霜等化妆品的原料。

（6）蜂蜡，是蜜蜂腹部的蜡腺分泌出来的产物，也是制造发蜡、香脂、护肤化妆品、美容化妆品的原料。蜂蜡是蜂窝的主要成分，因此可以将蜂窝溶于热水中，经漂白即可得到蜂蜡。

2. 粉质原料

粉质原料主要用于粉末状化妆品，如爽身粉、香粉、粉饼、唇膏、胭脂以及眼影等。在化妆品中主要起到遮盖、滑爽、附着、吸收、延展的作用，常用在化妆品中的粉质原料常常含有对皮肤有毒性的重金属，应用时，重金属含量不得超过国家化妆品卫生规范规定的含量。

化妆品中使用的无机粉质原料主要有：滑石粉、高岭土、膨润土、碳酸钙、碳酸镁、钛白粉、辛白粉、硅藻土等。

（1）滑石粉，是一种天然硅酸盐，主要成分为含水硅酸镁。色白、滑爽、柔软，和皮肤不发生任何化学反应，主要用作爽身粉、香粉、粉饼、胭脂等各种粉类化妆品的重要原料。

（2）高岭土，又叫白陶土，主要成分为含水硅酸铝，白色或淡黄色细粉，对皮肤的黏附性能好，有抑制皮脂及吸汗的性能。在化妆品中经常与滑石粉配合使用，有缓解消除滑石粉光泽的作用，主要用作眼影、爽身粉等各类化妆品的重要原料。

（3）膨润土，在化妆品中，主要用于乳液制品的悬浮剂和粉饼等。

（4）钛白粉，是一种无臭、无味、白色、无定形微粒细粉末，具有较强的遮盖力，对紫外线透过率较低。因此常常应用于防晒品中，也是各种粉类化妆品的重要遮盖剂。

（5）硅粉，是一种圆球状的聚甲基硅倍半氧烷。是由特殊的工艺技术制成的有机硅粉末，集无机粉末和有机粉末的优点于一身。具有光滑和丝般柔滑的肤感以及出色的抗水性能。

有机粉质原料有硬脂酸锌、硬脂酸镁、聚乙烯粉、纤维素微珠等，主要用于各种粉类化妆品的吸附剂。

3. 溶剂类原料

溶剂类原料主要包括水、醇类和酮等。

（1）甘油，化学名称丙三醇，是一种无色无臭的透明黏稠液体，能从空气中吸收水，与水和醇类、胺类、酚类以任何比例混溶，不溶于苯、氯仿、四氯化碳、二硫化碳、石油醚和油类。由于它有良好的助溶性、润滑性和极强的吸湿性，因此在化妆品制造中被广泛采用。

（2）十六醇（图3-3），可以将鲸蜡皂化，获得十六醇。十六醇也称鲸蜡醇或棕榈醇，是制造膏霜类化妆品的原料，用作软化剂和乳剂调节剂，具有稳定化妆品的作用。

$$C_{16}H_{33}-O-\overset{\overset{O}{\|}}{C}-C_{17}H_{35} + NaOH \longrightarrow C_{16}H_{33}-OH + C_{15}H_{31}COONa$$

鲸蜡 　　　　　　　　　　　十六醇　　　十六酸钠

图3-3　十六醇的合成过程

3.1.2　乳化剂

乳化剂是将互不相溶的液体中的一种均匀分散到另一液体中形成分散体的表面活性剂。它能降低液滴的表面张力,在已经乳化的微粒表面形成复杂的膜,并在乳化的颗粒之间建立相互排斥的屏障,以阻止它们的合并或联合。化妆品中的乳化剂通常为表面活性剂与高分子聚合物。

在润肤膏霜或乳液中,同时存在不相溶的油相和水相。乳化剂的存在能够使油相以微小的粒子存在于水相中,形成水包油型(O/W)乳化体;也可以使水相以微小的粒子存在于油相中,形成油包水型(W/O)乳化体。化妆品中的乳化剂有些是无害的,但有些却会对皮肤造成伤害。常用的乳化剂有以下几种。

(1) N-油酰基-N-甲基牛磺酸钠,是一种化妆品中常用的乳化剂,外观为微黄色胶状液体,具有良好的洗涤、润湿、匀染性能,对人体皮肤亲和性好,与阴离子、非离子、两性离子等表面活性剂配位性好,是洗发水及泡沫溶液的主要原料。它的分子式为:

$$C_{17}H_{33}CO-N(CH_3)-CH_2CH_2SO_3Na$$

(2) 硬脂醇聚醚-6:在化妆品或洗护用品中常常用于辅助膏体的乳化和表面活性的提升。

(3) 甘油硬脂酸酯:甘油硬脂酸酯具有乳化作用,添加到化妆品中,使水油互不相溶的两种成分形成稳定、均匀的混合物,被广泛用于面部清洁产品、膏霜类化妆品中。但不能过量使用,可能会对皮肤产生刺激。

(4) 二十二醇:一种合成涂料、杀虫剂和润滑剂。可用于皮肤乳霜中的增稠剂和乳化剂。

(5) 鲸蜡硬脂醇聚醚-20:一种非离子表面活性剂,用于膏霜、乳液、啫喱等化妆品以及药物制剂的乳化剂。

(6) 花生醇:又称二十烷醇,在产品中主要起到增稠、柔润、皮肤调理、黏度控制、乳化稳定等目的。

(7) 丙烯酸羟乙酯/丙烯酰二甲基牛磺酸钠共聚物:在化妆品中主要起到增稠、黏度控制、稳定等目的,无风险,主要起辅助作用。

3.1.3 化妆品的辅助成分

1. 保湿剂

保湿剂又称滋润剂,它能保持皮肤滋润,防止表皮角质层水分的流失。皮肤保湿因子包括封闭性因子和结合性因子,其中封闭性因子是指皮脂膜或细胞间脂类有封闭保护水分的功能;结合性因子是指天然调湿因子(NMF),有结合水分且保持角质细胞内或角质细胞间水分的功能。因此,皮肤保湿剂的设计也应当将这两种功能融合在一起。

封闭剂和吸湿剂二者统称皮肤保湿剂。其中,封闭剂可考虑使用羊毛脂、矿物油、凡士林、石蜡和十六醇等一些能在皮肤表面形成油膜的保护物质,这层油膜能减少或防止角质层水分的损失,保证角质层从下层组织得到扩散的水分。选择封闭剂时,还应注意,虽然几乎所有类型的油类都可以使粗糙的皮肤光滑,但只有那些能够吸湿、在皮肤表面形成连续油膜的油脂才能使角质层恢复弹性。吸湿剂可仿照 NMF 的成分,选用聚乙烯吡咯烷酮、透明质酸和壳聚糖等亲水性物质,增强角质层的吸水性和结合水的能力。

2. 防腐剂

化妆品中防腐剂的作用主要是抑制微生物的生长和繁殖,保持化妆品的性质稳定,使其开盖使用后不易变质,延长保存时间。由于许多化妆品都是含碳和氮的化合物,又有足够的水分,宜于微生物和细菌的生存和繁殖。这不仅使化妆品容易变质(如变色、变稀薄),产生不愉快的气味,还会对使用者造成危害。即使是加入防腐剂的化妆品,也有一定的保质期。过期的化妆品一般不适宜再使用。化妆品中常用的防腐剂有对羟基苯甲酸、邻苯二酚、苯甲酸及其盐类等。

3. 抗氧化剂

抗氧化剂是能够阻止或延缓化妆品氧化的物质,可以提高化妆品的稳定性,延长储存期。由于化妆品中的基质原料是油脂,其不饱和键很容易氧化而发生酸败,为此需要加入抗氧化剂预防化妆品变质和变色。另外,空气中的氧化作用也可能破坏香精,氧和香精中不同的组分反应,产生不好的气味。抗氧化剂用量一般为 $0.02\% \sim 0.1\%$。抗氧化剂的正确使用不仅可以延长化妆品的储存期,给生产者、消费者带来良好的经济效益,而且还保证了安全。

油溶性组分需要油溶性抗氧化剂,水溶性组分需要水溶性抗氧化剂。化妆品中常用的抗氧化剂包括:叔丁基羟基苯甲醚(BHA)、二叔丁基对甲酚(BHT)、没食子酸丙酯、生育酚(维生素E)等。

4. 抑汗剂

抑汗剂又称收敛剂,常常添加在抑汗、祛臭化妆品中。它能使皮肤表皮的蛋白质凝固,汗腺口膨胀,暂时性抑制或减少汗液和皮脂分泌;也可以吸收分泌的汗液,具有较强的收敛作用。铝、铁、铬、铅和锆等金属的盐类都具有收敛作用。常用于化妆品的是铝盐和锌盐。

绝大部分有收敛作用的盐类,其 pH 都较低(2.5~4.0),这些化合物电解后呈酸性,对皮肤有刺激作用,对皮肤会产生腐蚀。如果 pH 较低又含有表面活性剂,会使刺激作用增加。可加入少量的 ZnO、MgO、$Al(OH)_3$ 或三乙醇胺等进行酸度调整,从而减少对皮肤的刺激性。这是因为人的皮肤最外面的保护膜是弱酸性的,pH 一般 4.5~6.5,可以有效防止皮肤中水分的蒸发。所以,根据皮肤的生理特点,将化妆品制成弱酸性的,不仅与皮肤酸度相适应,而且还可以中和肥皂洗涤后残留在皮肤上的少量碱性薄膜,这样可以防止皮肤少受碱性物质刺激,抑制细菌生长繁殖。当然,化妆品种类繁多,有些是碱性或微碱性的,如洗面奶、洁面乳等。

5. 紫外线吸收剂

紫外线吸收剂即防晒剂,能吸收会引起皮肤发炎的紫外线,并将其转化为热能。如果人体长时间照射紫外线,尤其是中长波紫外线(290~400 nm),可能会较大程度地危害人类的健康,它可导致皮肤晒红、晒黑、色素沉着、角质增长、老化,甚至引起皮肤癌及机体的免疫抑制。防晒已成为防止紫外线照射对人体健康影响的最有效的措施之一。

阳光中的紫外线根据波长的不同可以分为4种,分别是 UVA、UVB、UVC、UVD,射线的波长越长,对人体肌肤健康产生的影响越大。一般来说,人体肌肤需要防护的紫外线为 UVA 和 UVB。UVC 不会到达地面,因为它在通过臭氧层时已被吸收。

防护 UVA 的防晒指数以 PA Protection Grade of UVA 或者 PPD 表示，防护 UVB 的防晒系数以 SPF(Sun Protection)表示。

UVA 是长波紫外线，可细分为 UVA-1(360～400 nm)和 UVA-2(320～360 nm)，占 10%～20%，只要是在白天，UVA 就存在，可以穿透大部分云层、玻璃，直达肌肤真皮层。即便是阴天下雨，UVA 射线也不会减少。它能使皮肤里结合水的透明质酸含量减少，皮肤干燥，黑色素形成，肤色变黑；达到肌肤真皮层后，会破坏肌肤真皮层的胶原纤维和弹性纤维，导致肌肤出现皱纹和衰老，同时它也是引起皮肤癌的重要原因之一。

PA 是日本化妆品工业联合会公布的 UVA 防止效果测定法标准，是目前日系商品中采用最广的标准。PA 等级是根据防晒化妆品长波紫外线防护指数(Protection Factor of UVA，PFA 值)来确定的，反映对长波紫外线晒黑的防护效果，是评价防晒化妆品防止皮肤晒黑能力的防护指标，以"＋"表示产品防御长波紫外线的能力。防晒效果被区分为三级，即 PA＋、PA＋＋、PA＋＋＋。PA＋表示有效，PA＋＋表示相当有效，PA＋＋＋表示非常有效。

PPD 是欧美商品系统采用的，指延长皮肤被 UVA 晒黑时间的倍数。使用 PPD2 的防晒品，可以有效防护 UVA 长达 2h，以此类推，是实际防止黑斑产生的保护系数。PA＋相当于 PPD 2～4，PA＋＋相当于 PPD 4～8，PA＋＋＋相当于 PPD＞8。也就是说，PA＋可以防护紫外线 UVA 2～4 h，其余依次类推。

SPF 以具体数值表示产品防御中波紫外线的能力，是评价防晒化妆品保护皮肤避免发生日晒红斑/晒伤能力的防护指标。SPF 值越大，防日晒红斑/晒伤效果越好。

在完全不使用防晒的情况下，记录在阳光中皮肤稍微变成淡红色所用的时间；然后将该时间与 SPF 值相乘，即可得出防晒品的保护时间。防晒品上所标示的 SPF 值即为其所提供的保护指标。

最小红斑量是指引起皮肤红斑的范围达到照射边缘所需要的紫外线照射最低剂量或最短时间。防晒指数是引起被防晒化妆品防护的皮肤产生红斑所需的最小红斑量与未被防护的皮肤产生红斑所需的最小红斑量之比，可表示为：SPF＝最小红斑量(使用防晒化妆品防护皮肤)/最小红斑量(未防护皮肤)。

如果在某强度的阳光下暴露 30 min 会引起皮肤晒伤，那么正确、足量地(2 mg/cm^2)涂抹 SPF 15 的防晒霜时，可将晒伤时间延长至 15×30 min ＝ 450 min。我国法规要求，SPF 的标识以产品实际测定的 SPF 为依据，根据防晒能力可标注范围为 SPF 2～50＋，当产品的实测 SPF＞50 时，可标识为 SPF 50＋。

在化妆品中加入紫外线吸收剂是必要的。常用的紫外线吸收剂有以下几种。

(1) 对氨基苯甲酸类

对氨基苯甲酸类紫外线吸收剂是以对氨基苯甲酸为骨架的一类紫外线吸收剂。对氨基苯甲酸(PABA)是第一个申请专利的紫外线吸收剂，20 世纪 50 年代和 60 年代被广泛使用。但由于其分子间通过氢键形成晶体、对 pH 敏感、游离氨基在空气中易氧化、水溶性较高等缺点，PABA 的使用受到了较大限制。后来，人们对 PABA 的氨基和羧基进行改造，改善了其稳定性和有效性。我国《化妆品卫生规范》(2002 版)规定，可以使用 3 种对氨基苯甲酸类紫外线吸收剂，即 4-氨基苯甲酸、4-二甲氨基苯甲酸-2-乙基己酯(二甲氨基苯甲酸辛酯)、乙氧基-4-氨基苯甲酸乙酯。

(2) 水杨酸类

水杨酸类是一种可用于防晒目的的紫外线吸收剂。多年来,大量的水杨酸类紫外线吸收剂被生产出来,并一度被广泛使用,如水杨酸苯酯、水杨酸戊酯、对异丙基水杨酸苯酯、水杨酸盐(钾、钠、三乙醇胺)。水杨酸类紫外线吸收剂在使用中比较温和、稳定,有较好的安全性,但紫外线吸收效率不高。

(3) 肉桂酸类

肉桂酸的苯环和羰基能形成共轭结构,这使得肉桂酸类紫外线吸收剂在紫外区有较高的吸收系数。4-甲氧基肉桂酸-2-乙基己酯不仅具有很高的紫外线吸收效率,还具有很高的安全性。它是目前使用频率最高的紫外线吸收剂,大约70%的防晒化妆品都添加了这种紫外线收剂。2-氰基-3,3-二苯基丙烯酸-2-乙基己酯,也是肉桂酸类中的一种,它一般用于高级防晒品中,尤其与紫外线吸收剂 1-(4-叔丁基苯基)-3-(4-甲氧基苯基)-1,3-二酮合用,可以增加产品的稳定性。

(4) 苯酮类

苯酮类紫外线吸收剂的最大吸收波长在330nm,因此同时具有防长波和中波紫外线的功能,曾一度被广泛使用。但由于其本身是固体,在一般化妆品中没有很好的溶解性,加之近年发现苯酮类能产生一定的皮肤变态反应,故目前使用的苯酮类紫外线吸收剂的种类不是很多,可用的如羟苯甲酮、2-羟基-4-甲氧基二苯(甲)酮-5-磺酸及其钠盐。

(5) 三嗪类

三嗪类紫外线吸收剂是近年发展起来的一类新型紫外线吸收剂,具有较大的分子结构和较高的紫外线吸收效率,如 2,4,6-三苯胺基-(对-羰基-2-乙基己基-1-氧)-1,3,5-三嗪。某些三嗪类紫外线吸收剂具有广谱防晒效果,既防长波紫外线,又防中波紫外线,是紫外线吸收剂的发展方向。但由于三嗪类紫外线吸收剂分子结构较大,其在化妆品中的溶解性是必须解决的问题。

3.1.4 化妆品的药用和保健成分

化妆品的主要作用是保持皮肤的健康,通常不强调改变皮肤生理功能的药理作用。但是近年来有一类药用化妆品逐渐进入人们的视野。这是一种缓和作用于人体,用于防治疾病,介于药品与化妆品之间的产品,如药用化妆水、乳液和膏霜、防晒霜、药用沐浴剂、生发水等。在这类化妆品中,加入的药剂主要包括天然药物、激素、维生素、氨基酸和抗组胺剂等。

1. 天然药物

天然药物是指在现代医药理论指导下使用的天然药用物质及其制剂。在化妆品中,一般以植物药物成分居多,如蛋白质、氨基酸、有机酸、糖类、酚类、生物碱、维生素及其微量元素等植物初生代谢产物组合在一起,一般既有医疗作用又有营养价值,有的还兼具抗氧化剂、防腐剂、色素和香精的作用。在化妆品中,常见的天然药物有人参、当归、三七、天花粉、芦根、川芎、白芷、黄芪、何首乌、桔梗等。

2. 激素

激素是人和动物的内分泌器官或组织直接分泌到血液中的、对身体有特殊效应的物质。各种激素的协调作用对维持身体的代谢与功能是必要的。药用化妆品中的激素主要是糖皮质激素、肾上腺皮质激素、卵泡激素等。这类药物可以降低肌肤毛细血管的通透性,减少渗出和细胞浸润。经皮肤吸收后,可产生一定的效用,常用于治疗粉刺、皮炎、湿疹、脱毛症等。但是,糖皮质激素会影响肌肤蛋白质的合成,从而干扰肌肤屏障的完整性,长期使用很容易让肌肤变得敏感。

3. 维生素

维生素,又称维他命,是生物的生长和代谢所必需的微量有机物。在化妆品行业中,因为其安全性及功效性都值得肯定,因而应用相当广泛,无论是护肤、护发,甚至彩妆产品,都能在成分表上见到各类维生素的身影。常用于化妆品的维生素有 A、C、E、H、K 和微生物 B 族。其中水溶性的有维生素 C,维生素族(B_3,B_5,B_6,B_7);脂溶性的有维生素 A、维生素 E 和维生素 K。

(1) 维生素 A:能渗入表皮,经皮肤吸收刺激细胞分裂,活化细胞,增厚表皮,改善皮肤弹性,刺激胶原蛋白形成,使表皮角质化正常,减少紫外线导致的皱纹的生成。

(2) 维生素 B 族:维生素 B_3 能使皮肤美白,抗粉刺,抗老化,促进头皮血液循环,促进头发生长;维生素 B_5 能渗入皮肤、头发和指甲,可转化为泛酸,抗炎症,促进伤口愈合,还能为头发保湿,增加头发强度;维生素 B_6 可以防止皮肤粗糙、粉刺、日光晒伤,使头部皮肤的蛋白质和氨基酸代谢正常化,调节皮脂腺活力,可作皮肤、头发控油产品,维护毛囊和头发的健康并治疗脱发;维生素 B_7(维生素 H)维护皮肤及毛发的正常生长,减轻皮炎症状,预防白发及脱发,有助于治疗秃顶。

(3) 维生素 C:作为抗氧化剂可以防止氧化损伤;作为皮肤美白剂,可以刺激胶原蛋白合成、再生。

(4) 维生素 E:是一种抗氧化剂,可以清除自由基,减少紫外线的伤害(过氧化、红斑),帮助伤口愈合,抗击炎症。

4. 氨基酸

氨基酸是蛋白质的基本组成单位。化妆品中的氨基酸成分,可活化细胞,改善新陈代谢及血液循环,使肌肤恢复活力;同时具有高效补湿能力,能加强补充肌肤水分,保持水盈润泽。

(1) 保湿作用

氨基酸具有保湿作用,它保持水分的效果比任何天然或合成的聚合物都要好,保湿性能是甘油的 12 倍。氨基酸分子结构中含一个正极、一个负极,正负极之间能捕捉水分子,使其在皮肤表面形成一层薄膜,将水分密封在皮肤内,防止水分蒸发,同时也不妨碍皮肤吸收空气中的水分,从而保持皮肤适当的湿度。

(2) pH 与人体肌肤接近

传统的洗护用品注重高效清洁、去黑头、去油等功能,忽略了产品本身对肌肤的刺激。为了提高清洁力及去油能力,这类产品加入了碱性极强的表面活性剂、发泡剂、皂基等成分,而人体的皮肤却是弱酸性,长时间使用碱性产品会刺激皮肤。更严重的是,皮肤的皮脂膜也会被破坏。一旦失去皮脂膜,皮肤很容易受到外界伤害。

氨基酸洗面奶采用弱酸性的氨基酸类表面活性剂,pH 与人体肌肤接近,基本保持在 pH 5.5~6.5,加上氨基酸是构成蛋白质的基本物质,所以温和亲肤,适合肌肤敏感的人群使用。

(3) 抗过敏性

氨基酸不仅能够减小环境中的有害物质对皮肤的影响,还能加强皮肤抗过敏能力。

(4) 抗氧化性

氨基酸有调节皮肤水分、平衡皮肤油脂以及增加皮肤免疫力的作用,可降低或预防皮肤的氧化伤害,同时也减少阳光所造成的老化,对皮肤的更新、修复和避免脱水有非常好的效果。

(5) 延缓皮肤衰老

氨基酸能够激活皮肤细胞抗氧化活性,同时祛除细胞中多余的自由基,从而起到防止皱纹产生和延缓皮肤衰老的作用。它比一般透明质酸具有更佳透明效果,既可抚平干纹,也可强化肌肤抵御机能,保护肌肤,还可预防和改善皮肤干燥,避免肌肤受外界环境变化影响而造成伤害。

5. 抗组胺剂

抗组胺剂是用于皮肤和黏膜的变态反应性疾病的药物。在化妆品中加入抗组胺剂主要是为了防治皮肤出现斑疹等过敏症状,常用的抗组胺剂有二苯胺等。

6. 其他辅料

(1) 芦荟

芦荟的叶子宽大、肥厚多汁,汁液中含有丰富的芦荟凝胶,从芦荟凝胶中提取的芦荟多糖、糖蛋白、激素、维生素,以及磷、铁、镁和磷脂等,具有强大的生物医疗功能,既可以补充皮肤损失的水分,又能促进皮肤代谢功能,在化妆品中发挥着抗衰老、防皱、增加皮肤弹性的作用。

化妆品中加入芦荟,有一定的防晒作用,因为芦荟中含有丰富的天冬氨酸,能够帮助阻止阳光中紫外线对表皮的伤害,也可以增强表皮细胞的抵抗力,防止日晒引起的红肿,并治疗紫外线、X线对皮肤的灼伤。

芦荟也能有效地杀灭病菌,抑制细菌的生长和繁殖,因此它能消炎杀菌、增强细胞活力,减轻皮肤疾患的疼痛、瘙痒,对粉刺、癣症有消炎作用,还能让伤口快速愈合,不留下疤痕。

芦荟中富含活性酶、维生素和蛋白质,可以滋润和滋养头发,帮助头发增加韧性;芦荟含有大黄素,长期使用可使头发柔软,也能使头发更有光泽。

(2) 黄瓜油

黄瓜油具有扩张毛细血管、促进血液循环和皮肤的氧化还原等作用。将黄瓜油添加在皮肤化妆品中,对粉刺、酒刺、老年斑、雀斑、皮肤粗糙和皮肤皱纹等具有良好的防治功效。将其加入洗发水时,能使毛发柔软并产生光泽。如果利用黄瓜油的良好起泡性把它加入肥皂及牙膏中,还能提高洗涤效果。此外,由于黄瓜油对吸收紫外线也有良好的作用,所以也可在防晒化妆品中添加黄瓜油。

(3) 珍珠

珍珠中含有大量碳酸钙、多种氨基酸以及微量金属元素,它们是细胞赖以生存并使之具有活力的物质。珍珠可以用于化妆品中,将珍珠加入化妆品有两种方式:一种是直接加入珍珠粉;另一种是加入珍珠粉的水解液,即将珍珠加工成粉末,用盐酸溶解,使珍珠的碳酸钙溶成可溶性钙盐,蛋白质水解成氨基酸。后一种方法制成的珍珠成分的化妆品易被皮肤吸收,对皮肤的滋润效果更好。

珍珠通过肽键结合,形成多肽类物质,可以刺激蛋白质等大分子的生物合成,促进表皮组织中细胞的增殖，促进皮肤新陈代谢，达到促使细胞对营养更快吸收的目的。珍珠还可以使其所含的角质蛋白和角质细胞的脂质共同构成保护天然保湿因子的细胞膜，既防止了天然保湿因子的流失，也能适当控制水分从皮肤向外扩散，使角质层保持一定的含水量。另外，珍珠中所含的微量元素可透过表层细胞的间隙和腺体被真皮吸收，从而起到改善肌肤营养及循环、调节皮肤酸碱度、增强皮肤细胞弹性的功效。

（4）水貂油

水貂油是从水貂皮下脂肪中提取制得的油脂经加工精制而成。外观呈无色或淡黄色，具有多种脂肪酸，其中不饱和脂肪酸含量高达70%。水貂油具有良好的乳化性能和较好的紫外线吸收性能，有优良的抗氧化性能，对热和氧都很稳定，是较理想的防晒剂原料。

将水貂油涂在皮肤上易被皮肤吸收，用后不留油腻感，与其他物质的相容性好，在毛发上的附着性能良好，并可形成有光泽的薄膜，从而改善毛发的梳理性。因此水貂油可以用在膏霜、乳液等护肤品中，特别适用于防冻防晒、防止皮肤干燥和手足皲裂。它对轻度鳞状皮肤、黄褐斑、痤疮等皮肤疾病也有一定效果。

（5）人参

人参提取物中，人参皂苷是其主要的活性成分，具有护肤、抗紫外线的功效。人参提取液具有很强的抑菌消炎作用，是高档化妆品的天然添加物，有促进皮下毛细血管的血液循环，增加皮肤的营养供应，调节皮肤水分平衡等作用，对雀斑、褐斑、蝴蝶斑及老年人皮肤色素沉着疗效显著。人参提取物还能增加头发的韧性、提高伸拉强度和延展性，从而减少脱发和断发。

（6）硅油

硅油，化学名称聚二甲基硅氧烷，是一种无色、无味、无毒及无刺激性的产品。由于黏度适宜，能使化妆品的其他组分易于分散，并在皮肤上扩展成薄膜，对皮肤有良好润滑作用；由于其挥发性低，可赋予化妆品快干、光滑和防污等性能。使用硅油配制的护肤品，不仅能滋润皮肤，形成一层保护性涂层，还能保护皮肤的正常呼吸以及治疗皮炎和湿疹等。

例如，加了硅油的防晒霜不会因为海水浴或出汗而流失，可有效防止紫外线的危害。加了硅油的粉底霜，可保护皮肤不受颜料、溶剂的伤害。以硅油制成的止汗除臭剂，对皮肤无刺激、不过敏，并能减少毛孔堵塞，有助于清洁皮肤、去除污渍。使用硅油配制的护发品如发油、发膏、定型发胶等，可使任意温度的头发梳理成人们希望得到的发型，并能有效防止外部湿气浸透或水分蒸发失衡。配有硅油的发油等制品，可使头发松软、光滑、不缠结，并能保持发型稳定，减少吹理定型时间。配有硅油或其他硅氧烷的唇膏、粉饼、睫毛膏、指甲油、烫发液及腮红等化妆品中不含过多油脂，可以促进化妆品组分的扩散与分布，并延长有效时间。

3.1.5 皮肤护理

1. 皮肤的构造和功能

皮肤是包在身体表面，直接同外界环境接触，具有保护、排泄、调节体温和感受外界刺激等作用的一种器官，也是人体最大的器官。

皮肤（图3-4）分表皮和真皮两层。表皮在皮肤表面，又可分成角质层和生发层两部分。角质层由无核的死细胞紧密地排列在一起形成的。角质层中含有天然保湿因子（NMF），它能配合皮脂共同保持皮肤的水分。生发层细胞不断分裂,补充脱落的角质层。生发层中有黑色素细胞,产生的黑色素可以防止紫外线损伤内部组织。表皮还含有许多弹力纤维和胶原纤维,故有弹性和韧性。真皮比表皮厚,有丰富的血管和神经。此外,皮肤还有毛发、汗腺、皮脂腺等许多附属结构。

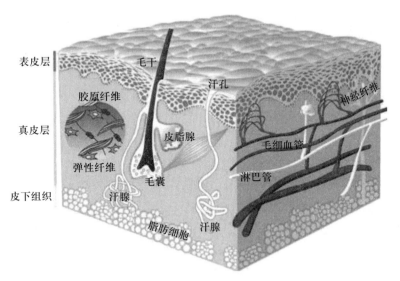

图 3-4 皮肤的构造

皮肤对人体非常重要,因此需要注意保护。角质层是大多数化妆品的作用之处。角质层主要由含水量较低、弱酸性的老化细胞组成。角质层中含有 22 种不同的氨基酸,角质层的结构导致其不溶于水,但能使水稍微通过。因此,皮肤经毛囊口可以吸收氧气、水溶性或脂溶性营养素。当环境中的空气干燥时,角质层细胞水分降低,质地变硬易裂,角质层容易脱落。为了皮肤健康,皮肤要保持一定的湿度,但湿度过高时,细菌又易生长繁殖。洗涤皮肤可以将污垢、细菌等除去,但同时也会把皮肤上的油脂洗去,导致皮肤干燥甚至龟裂,所以,清洁皮肤后,应在干燥的皮肤上涂抹适量的护肤品,以保护皮肤。

2. 皮肤的类型

由于人的皮肤特点不同,在不同年龄、不同性别以及不同地区及季节等各种条件下皮肤也会有不同表现,可以大致分为干性皮肤、油性皮肤、中性皮肤、混合性皮肤和敏感皮肤。

3. 不同类型皮肤的护理

由于人的皮肤类型不同,在护理时要根据自身的皮肤类型采取合理的方法。

(1) 干性皮肤

干性皮肤的油脂和水分分泌都较少,皮肤看起来较为干燥,没有水润光泽。耐晒性差,对外界刺激敏感,易出现皱纹。皮肤松弛,缺乏弹性,容易起皮屑和老化。日常生活时,不要频繁洗澡和过度使用洁面乳。多喝水,多吃富含水分的蔬菜和水果。多对皮肤进行按摩,促进其血液循环。多使用具有滋润、美白、功能的营养品;化妆品要使用非泡沫型、碱性较低、带保湿功能的。

（2）油性皮肤

油性皮肤的油脂分泌旺盛,使得皮肤看起来具有油光。皮肤的毛孔粗大,常有黑头,容易产生粉刺、暗疮脂溢性皮炎等皮肤问题,皮肤颜色较深。根据这些特性,油性皮肤的日常护理要随时保持皮肤的干净清爽,少吃高糖高油和刺激性食物,少喝咖啡。多吃富含维生素 B_2 和 B_6 的蔬菜和水果,注重补水和皮肤的深度清洁,控制油脂的分泌。要使用能控制油脂分泌、油分少、收敛作用较强的清爽型护肤品,多用温水洁面,搭配使用适合油性皮肤的洗面奶。如果有暗疮的话,暗疮处不能化妆,不能使用油性化妆品,化妆用具要注意经常清洁和更换。皮肤要注意保持一定的湿润度。

（3）中性皮肤

中性皮肤分泌的油脂水分适中,皮肤红润有光泽,弹性好,毛孔细小。夏季偏油性,冬季偏干性。日常保养需要注意清洁,保持皮肤的干净清爽。注意日常补水,保持皮肤的水油平衡。因为这种皮肤堪称最理想的皮肤,所以化妆品和护肤品的选择范围极广,只需要根据季节和年龄来选择,一般来说,夏季用的应当亲水性,冬季用的偏滋润性。

（4）混合性皮肤

混合性皮肤指的是出现两种或两种以上特征的皮肤。一般来说,这种皮肤的额头和鼻翼处极易出油,而其余部位则较干燥。这种皮肤的护理,需要根据皮肤各个部位的情况,按偏油性、偏干性、偏中性等分别护理。在使用护肤品时,优先用滋润型的护肤品滋润干燥部位。注意及时补水,合理膳食,保证营养均衡,使皮肤的油脂分泌得到平衡。

（5）敏感性皮肤

这种皮肤非常敏感,皮脂膜较薄,皮肤的防护能力较弱,受到刺激很容易出现红、肿、刺痒、痛和脱皮、脱水现象。日常保养的时候,要注意清洁面部时的水温,温度要适宜,不可过冷过热。少吃刺激性食物,禁止抽烟、酗酒等不良嗜好。白天要做好防晒措施,夜晚要注意给肌肤补水。避免使用劣质化妆品或同时使用多种化妆品,不要频繁更换化妆品,也不要使用含香料过多或酸碱过度的护肤品。如果皮肤出现过敏反应,立即停用所有化妆品、护肤品。

作为人体的第一道防线和最大的器官,皮肤的健康对人体的健康极其重要。在日常生活中,我们要合理规划作息时间,保持营养均衡的膳食,告别不良生活习惯,这不仅是为了拥有健康的皮肤,也是为了自己的身心健康。

3.1.6 头发护理

1. 头发的构造

头发的结构很简单,由三大层和四大键(图 3-5)构成。三大层指表皮层、皮质层、髓质层;四大键指氢键、盐键、二硫键、氨基键。

二硫键是较为牢固的,它对头发的定型起着重要的作用。

头发的主要成分是角蛋白。每根头发都由一个毛囊固定在皮肤上,毛囊位于真皮深层和皮下层交界处。毛囊也称毛球,头发从毛囊内部的小血管获取血液,持续的血液流动能保持头发获得保持健康所需要的营养素,包括维生素、微量元素、氨基酸和脂肪酸。

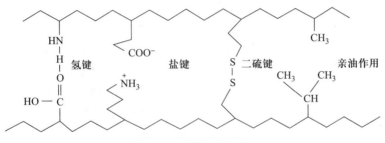

图 3-5 头发的四大键

头发周围的皮脂腺是重要的腺体之一。它能够产生皮脂,是头发的天然润滑剂。在显微镜下观察头发的横截面,可以看到每个横截面都是由毛小皮、毛皮质和毛髓质构成(图3-6)。

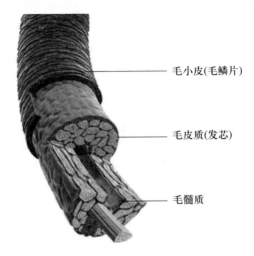

图 3-6 头发的构造

毛小皮(又称表皮层、角质层)是毛发的最外层结构,主要化学成分为角蛋白,由鳞片或瓦状的角质细胞构成。它可以抵御外界刺激,保护皮脂并抑制水分的蒸发。

毛皮质占毛发成分的 75%～90%,由柔软的角蛋白构成,是决定头发表观(粗细、颜色)的重要组成部分。毛皮质的结构是比较复杂的,首先蛋白质高分子链互相缠绕形成原纤维,原纤维汇集在一起便形成了小纤维。其次,这些小纤维进一步聚集,便形成了大纤维,最后,大纤维结合成肉眼可以看到的纤维体,即毛皮质。角蛋白质的链状结构使头发具有可伸缩的特性,从而保证不易被拉断。但头发处于湿态的时候较为脆弱,不当拉伸就会造成损伤。

毛髓质位于头发的中心,由真空状的海绵体组成,空心中有空气,可以使得头发更有刚性。

2. 洗发水

洗发水用于洗净附着在头皮和头发上的人体分泌的油脂、汗垢、头皮上脱落的细胞,以及外来的灰尘、微生物、定型产品的残留物和不良气味等,保持头发清洁及美观。

一般情况下,人们对洗发水有如下要求:有去污性,但不能过多溶去皮脂;使头发柔软和有光泽;对头发安全,不刺激眼睛;滋润性、起泡性以及柔滑性好;色泽、稠度、香型适中。

在洗发水的各种配方中,主要的成分有:

(1) 洗涤剂。作用为脱脂、去污。常用的有:① 脂肪酸硫酸盐(R—SO$_3$M),其中以月桂基磺酸钠($C_{12}H_{25}SO_3Na$)发泡最佳。② 脂肪醇硫酸盐,这也是洗发水配方中的主要成分之一,包括钠盐、钾盐、铵盐、一乙醇胺盐、二乙醇胺盐和三乙醇胺盐等,有很好的发泡性、去污力及良好的水溶性,其水溶液呈中性并且有抗硬水性。不足之处是在水中的溶解度不够高,对皮肤、眼睛具有轻微的刺激性。

$$R-OH + SO_3 \longrightarrow \underset{R}{O}-\underset{\underset{O}{\overset{O}{\|}}}{S}-OH$$

③ 聚氧乙烯脂肪醇醚硫酸盐易溶于水,具有优良的去污、乳化、发泡性能和抗硬水性能,温和的洗涤性质不会损伤皮肤,可用作阴离子表面活性剂。化学式为 $RO(CH_2CH_2O)_n-SO_3M$($n=2$ 或 3,R 为 12~15 烷基)。

(2) 助洗剂。增加去污能力,稳定泡沫。常用如下材料:① 脂肪酸单甘油酯硫酸。② 环氧乙烷缩合物[$R-O+CH_2CH_2O+_nH$],对眼睛刺激小,常用于儿童洗发用品。③ 阳离子表面活性剂,使头发柔软、抗静电、杀菌。

(3) 添加剂。调理剂,如多元醇、羊毛脂(使头发有光泽、柔软);增稠剂,如脂肪酸、脂肪醇、脂肪胺、氯化钠、硫酸钠、硬质酸钠、十六醇、十八醇、聚乙烯醇、羧甲基纤维素等;防腐剂,如尼伯金乙酯、丙酯、对氯间苯二甲酸;抗头屑剂,如硫化硒、硫化镉、六氯代苯、羟基喹啉、十一碳烯酸的衍生物、季铵盐。

3. 烫发

如前所述,头发中含有四类重要的键,其中二硫键较为牢固,对头发的定型起着重要的作用。如果消除这些作用力,头发就会变得十分柔软而无形。烫发实际上是将头发定型成我们所希望的形状。根据上述原理,可以先将这些作用力消除,然后将头发做成理想的形状,再让作用力恢复。在这些新的作用力的帮助下,做成的形状就会保持下来。具体的方法有两种:

(1) 热烫

毛发中的氢键作用力随温度的升高而大幅度降低,为此可以用加热的方法将其消除。此外,二硫键在高于100℃,又有碱存在的情况下,会发生水解反应。

$$R-S-S-R \xrightarrow{H_2O} R-SH + HOS-R$$

这两个主要作用力消除之后,头发就会变得十分柔软。将头发做成一定形状后,通过加热,再让头发的温度慢慢冷下来,其中氢键和二硫键的作用力逐渐恢复,此时头发就会固定在刚刚所做的形状上。

(2) 冷烫

二硫键容易被还原剂所破坏,如果用巯基乙酸($HSCH_2COOH$)及其盐类等化学还原物质处理头发,二硫键被破坏。这可以看作还原剂提供氢原子,使二硫键打开变成两个巯基(—SH),头发从坚韧变成柔软。当头发随卷发器成型后,再用氧化剂氧化,二硫键重新建立,头发就会按新的定型变得坚韧。

4. 染发

染发即通过染发剂改变头发颜色的过程。染发剂可分为暂时性染发剂、半永久性染发剂、永久性染发剂三种。

暂时性染发剂是一种只需要洗涤一次就可除去头发上着色的染发剂。这些染发剂是带正电的大分子染料（水溶性染料），如三苯甲烷类、醌亚胺类或钴、铬的有色配合物，分子较大，不能通过表皮层进入发干，只是沉积在头发表面上，形成着色覆盖层。演员常用此类染发剂，一般是一次性使用就可洗掉。

半永久性染发剂是用头发角质亲和性大的低分子染料如硝基苯二胺、硝基氨苯等，可透入头发皮质直接着色，形成不同的艳丽颜色。一般能耐 6～12 次洗发水洗涤才褪色。半永久性染发剂涂于头发上，停留 20～30 min 后，用水冲洗，即可使头发上色。由于不需要使用双氧水，不会损伤头发，所以近年来较为流行。

永久性染发剂可以分为三种：植物永久性、金属永久性、氧化永久性染发剂。

植物永久性染发剂：利用从植物的花、茎、叶提取的物质进行染色。此类染发剂对身体无害，是很有前途的染发剂，但是价格昂贵，在国内还较少使用。一般采用指甲花叶、西洋甘菊花等。

金属永久性染发剂：以金属原料进行染色，其染色主要沉积在发干的表面，色泽具有较暗淡的金属外观，但是会使头发变脆，烫发的效率变低。常用的金属染发原料有醋酸铅、柠檬酸铋、硝酸银、硫酸铜、氯化铜、硝酸钴、氯化铁、硫酸铁等。矿物性染发剂由于有毒，已经被逐渐淘汰。

氧化永久性染发剂：不含染料，而是含有染料中间体和耦合剂，这些染料中间体和耦合剂渗透进入头发的皮质层后，发生氧化、耦合和缩合反应，形成较大的染料分子，被封闭在头发纤维内。由于染料中间体和耦合剂的种类不同、含量比例的差别，故产生各种色调的产物，而这些产物的不同组合使头发染上不同的颜色。具体过程如下：

将染色剂和显色剂混合后，涂到头发表面。染色剂中的碱性剂（氨水）负责打开毛鳞片，让发丝膨胀，然后染色剂中的小分子染料群（包括氧化染料中间体，如苯二胺，可以让色调发生多种变

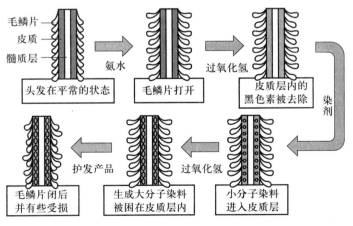

图 3-7 染发过程

化的耦合剂和直接染料,如硝基类染料)通过毛鳞片的空隙进入皮质层。这时显色剂中的过氧化氢也进入皮质层,在碱性成分的作用下分解,并使得皮质层内的黑色素分解和褪化,同时,染色剂中的小分子染料群也发生氧化聚合反应,产生大分子结构色素。20~40min 的聚合反应后,所产生的大分子色素在毛鳞片闭合的情况下,会在皮质层内一直停留,无法离开。这时头发就染上了颜色。

3.2 多彩的涂料

涂料指涂于物体表面,在一定的条件下能形成薄膜而起保护、装饰或其他特殊功能(绝缘、防锈、防霉、耐热等)的一类液体或固体材料。因早期的涂料大多以植物油为主要原料或是从漆树上获得的漆液,故又称油漆。现在合成树脂已取代了植物油,故称涂料。涂料并非全是液态,粉末涂料是涂料品种一大类。

随着国民经济的发展,涂料工业从一个不引人注目的小行业逐步发展成为各领域必不可少的重要行业。涂料在品种结构和生产技术装备等诸多方面有了进一步的提高。经过几代人的奋斗,我国已成为世界第二大涂料生产国和消费国,进入了世界涂料行业发展的主流。

涂料一般有四种基本成分:成膜物质(树脂、乳液)、颜料(包括体质颜料)、溶剂和添加剂(助剂)。

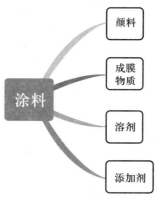

图 3-8　涂料的组成

3.2.1 涂料的组成

1. 成膜物质

涂料中的成膜物质是指将涂料用于覆盖物整体表面之后,形成一层均匀的、可附着的薄膜,并使其能够撑住外力而不被损坏的物质。这种物质可以增加物体表面的美观程度,色彩艳丽;可以防护被覆物体,抵抗外界环境、温度、湿度及其他威胁性因素的影响,还能抵抗紫外线、腐蚀及其他影响。此外,它还具有耐磨性、耐污性、耐酸碱性及低温冻融性,即使在温度变化的环境下也可以保持光泽和形状不变。涂料成膜物质可以分为天然材料、化学合成材料及其他材料三类。

（1）天然材料主要是植物油、天然树脂、渣油等。植物油中最常见的是大豆油,它包含丰富的不饱和脂肪酸,具有良好的附着、抗酸化和抗氧化性。天然树脂是来源于植物、动物或矿物的树脂,是一类固态、半固态或假固态、分子量不定的聚合物,一般由樟脑、加水合弹性黏土、壳聚糖组成,其特点是网状完整、耐磨性好、弹性良好。而渣油主要从石蜡、焦油、煤油中得到,具有较高的表观密度,可堆积平整、不易挥发。

（2）化学合成材料主要有酚醛树脂、环氧树脂、聚乙烯醇、过氧乙烯树脂、丙烯酸树脂等。合成树脂是用得最多的成膜物质,其成膜的原理是涂抹在物体的表面后能够发生交联、聚合作用而形成固体薄膜。它们具有极强的耐污抗老化能力,可抵御外界紫外线等因素的侵袭,使外表膜牢固耐用。

（3）其他材料包括一些通过化学反应使天然树脂或合成树脂的化学结构发生部分改变而得的树脂。

2. 颜料

颜料是一种有色的细颗粒粉状物质,一般不溶于水,能分散于各种油、溶剂含油、树脂和树脂等介质中。具有对光相对稳定性、遮盖性、着色性等特点。

颜料是涂料中的重要成分。其主要作用是使涂料成为不透明、具有各种绚丽色彩和保护作用的薄膜。我们知道,单用油脂或单用树脂制成的涂料,将其涂抹在物体的表面上时,形成的薄膜是透明的,不能遮盖物体表面的缺陷,也不能阻挡因紫外线直射对物体表面产生的破坏,更不能使物体表面具有各种吸引人的颜色。为了改变单用油脂或单用树脂的缺点,一般在涂料中加入颜料。

除了上述优点外,在涂料中加入颜料还能增加涂抹的厚度,提高机械强度,加强膜的耐磨性和耐腐蚀性,同时,也能增加涂料的附着力。

涂料中加入的颜料按功能和作用区分主要有三类:着色颜料、防锈颜料和体质颜料。

（1）着色颜料

着色颜料是使涂料具有显色作用的一类颜料,包括无机颜料和有机颜料。在这些颜料中,主要有白、黄、红、蓝、绿、黑 6 种颜色(表 3-1),并且可以通过这些颜色调配出其他颜色。

表 3-1 油漆颜料一览表

色调	名称	相对密度	主要组成	附注
白	铅白	6.5~6.8	$2PbCO_3 \cdot Pb(OH)_2$	有良好的遮盖力,但受空气中硫化氢作用时变黑,有毒
	锌白	5.66	ZnO	有良好的遮盖力,不受硫化氢影响
	锌钡白	4.3	ZnS、$BaSO_4$	涂刷后在光亮处变黄或灰色,适合室内涂刷
	钛白		TiO_2	较其他白色颜料有更大的遮盖力,常与锌白掺合使用
	重晶石	4.14~4.28	$BaSO_4$	由天然硫酸钡磨制而成,也可由沉淀法取得。与其他颜料掺合时不致变更其他颜料的基本颜色,故常作为掺合颜料

续表

色调	名称	相对密度	主要组成	附注
黄	土黄	3.47~3.95	Fe_2O_3	氧化铁着色的黏土(氧化铁含量为12%~25%)
	铬黄	5.9~6.4	$PbCrO_4$	色调鲜明,遮盖力大
红	铁丹(红土)	3.3~3.8	Fe_2O_3	氧化铁与黏土组成的颜料(氧化铁含量为60%~95%),广泛应用于金属防锈漆的制造
	铅丹	8.5~8.8	Pb_3O_4、PbO	良好的防锈漆用的颜料
	银朱	8.2	HgS	优质的红色颜料,但成本高,目前多用有机染料(茜红、偶氮染料等)将重晶石、石膏或黏土等染色制成代用品
蓝	群青	2.35~2.50	含不同比例的二氧化硅、黏土、氧化钠和硫磺	粒度愈小,色泽愈鲜艳
	普蓝	1.95~1.97	为高铁盐溶液与低铁氰化钾溶液相混制成	具有强遮盖力与耐光性
绿	铬绿		Cr_2O_3	有高度耐光性,但遮盖力不强
	铜绿		平均含:40%~44%氧化铜,26%~29%醋酐,28%~31%水	有毒,但抗蚀好,用于屋顶涂料的制造
黑	炭黑		C	是最广泛应用的黑色颜料

(2) 防锈颜料

涂料中加入的具有防锈且显色作用的物质,如红丹、铁红、复合铁钛粉、三聚磷酸铝锌粉等,这类物质统称为防锈颜料。传统涂料所用的防锈颜料多为含铬、铅、镉的颜料,例如红丹、铅粉,及锌、钡、铅的铬酸盐等,其配制成的涂料虽然具有良好的防腐蚀性能,但其本身有毒,且在生产和使用过程中会污染环境和危害健康,许多国家已严格限制使用。现在,环境友好日益受到重视,开发新型环保无污染的防锈涂料成为发展趋势之一。研究人员已研制出了磷酸盐、钼酸盐、硼酸盐和片状颜料等多种无毒高效防锈颜料。

根据其防锈作用机理,可以将防锈颜料分为两类:物理性防锈和化学性防锈,其中化学性防锈颜料又可以分为缓蚀型和电化学作用型两种。

物理性防锈颜料借助其细密的颗粒填充漆膜结构,提高了漆膜的致密性,起到了屏蔽作用,降低了漆膜渗透性,从而发挥防锈作用,如氧化铁红、铝粉、玻璃鳞片等。

铁红又称氧化铁红,性质稳定,遮盖力强,颗粒细微,在漆膜中可以起到很好的作用。耐热、耐光性好,对大气、碱类和稀酸有非常稳定的防锈作用。

云母氧化铁的化学成分为三氧化二铁,有良好的化学惰性,在涂层中形成鳞片排列,可以形成涂层内复杂曲折的扩散路径,使得腐蚀介质的扩散渗透变得相当曲折,很难渗透到基材。在面漆中使用可以提高耐候性。

缓蚀型化学性防锈颜料，依靠化学反应改变表面的性质或反应生成物的特性来达到防锈目的。具有化学缓蚀作用的防锈颜料能与金属表面发生钝化、磷化等作用，产生新的表面膜层、钝化膜、磷化膜等。这些薄膜的电极电位较原金属为正，使金属表面部分或全部避免成为阳极的可能性。另外，薄膜上存在许多微孔，便于漆膜的附着。常用的化学缓蚀颜料有铅系颜料、铬酸盐颜料、磷酸盐颜料等。

在铬酸盐防锈颜料中，锌铬黄的主要成分是铬酸锌，应用最为广泛。主要用作铝、镁等轻金属的防锈漆，当然也可以用于钢铁表面防锈。铬酸锌的防锈机理是使金属表面钝化，起到缓蚀作用，达到防锈目的。

电化学作用型化学性防锈颜料最主要是锌粉。以锌粉为颜料的防锈漆，在钢铁表面形成导电的保护涂层。锌发生化学反应，在涂层表面形成锌盐及锌的络合物等，这些生成物是极难溶的稳定物，沉淀在涂层表面上可以防止氧、水和盐类的侵蚀，从而起到防锈效果，使钢铁得到保护。

(3) 体质颜料

通常又称填料。通常指折射率低于1.75、颜色是白色或稍带颜色的一类颜料。本身不吸收光，且具有接近漆料的折射率，用作颜料时几乎不产生光散射。主要功能是占有漆膜的体积，降低成本。常用的体质颜料有碳酸钙、硅酸镁、硅酸铝、硫酸钙、结晶氧化硅、硅藻土、硫酸钡等。

3. 溶剂

溶剂是涂料的重要组成部分，不仅能用来溶解树脂、降低黏度以改善加工性能，还能影响涂料的施工和涂膜表观性能等。涂料用溶剂一般为混合溶剂，由三大部分组成，即真溶剂、助溶剂和稀释剂。酯类、酮类等溶剂既能溶解硝酸纤维素，也能溶解合成树脂，如丙烯酸树脂，是真溶剂。芳香烃及氯烃是合成树脂的真溶剂，硝酸纤维素的稀释剂。醇类是硝酸纤维素的助溶剂，合成树脂的稀释剂；但对于含高羟基、羧基等极性基团的合成树脂，醇类又是真溶剂。

对溶剂的要求是：对所有成膜物质组分有很好的溶解性，具有较强的降低黏度的能力；有适合的挥发速度，不能挥发太快，否则在涂刷过程中会造成困难，如油漆越涂越浓，施刷不均匀，起皱皮等；有利于成膜物质成膜。溶剂最后都要挥发到空气中，因此，选择涂料溶剂时，既要考虑安全性和价格，又要考虑到是否对环境造成污染。

常用的涂料溶剂有石油醚、芳香烃(如二甲苯，苯等)、松节油、酮类和酯类。

4. 添加剂(助剂)

涂料中除了成膜物质、颜料、溶剂外，还有一类少量加入涂料配方中的成分，可控制或增强涂料的性能，这些成分称为助剂。由于助剂的成本相对较高，在配方设计时会尽可能地减少助剂的使用量。

涂料助剂可以分为油性助剂和水性助剂。顺应全球对环境保护的日益重视，水性助剂有了飞跃的发展。新型、环境友好的助剂越来越多，应用也越来越广泛。这也是助剂今后发展的主流方向。助剂主要包括以下几类。

(1) 催干剂：能加快涂膜干结的物质，对于干性油膜的吸氧和聚合起促进作用。它可使油膜的干结时间由数日缩短到数小时，施工方便且可防止未干涂膜的沾污和损坏。

(2) 增塑剂：一类能够增加涂抹的柔韧性、弹性和附着力的物质。

(3) 增稠剂：能够提高涂料黏度、降低其流动性的物质，可以减轻涂饰时的流淌现象。

(4) 颜料分散剂：用于防止颜料的沉降或漂浮。膨润土和有机膨润土、金属皂、加氢蓖麻油等增稠剂可起颜料分散剂的作用。

(5) 流平剂：有助于形成光滑涂饰面的物质。能够降低涂料表面张力的物质一般都有流平剂的作用。

(6) 抗结皮剂：防止油性涂料在使用中表面结皮的物质，如甲基乙基酮肟和环己酮肟。

3.2.2 墙体涂料

墙体涂料应对墙体具有保护作用，同时使墙面美观、耐擦洗、防火、防霉。

1. 内墙涂料

内墙涂料包括液态涂料和粉末涂料，常见的乳胶漆和墙面漆属于液态涂料。一般由水、颜料、乳液、填充剂和各种助剂组成，这些原材料不含毒性。内墙涂料包括以下几类：

(1) 低档水溶性涂料。将聚乙烯醇溶解在水中，再在其中加入颜料等形成。最常见的是106、803 涂料。该类涂料具有价格便宜、无毒、无臭、施工方便等优点。由于其成膜物是水溶性的，所以用湿布擦洗后总会留下痕迹，耐久性也较差，易泛黄变色；但其价格便宜，施工也十分方便，目前消耗量仍然是最大的，多用于中低档居室或临时居室的室内墙装饰。

(2) 乳胶漆。以水为介质，以丙烯酸酯类、苯乙烯-丙烯酸酯共聚物、醋酸乙烯酯类聚合物的水溶液为成膜物质，加入多种辅助成分制成。其成膜物不溶于水，涂膜的耐水性好，湿擦洗后不留痕迹，并有平光、高光等不同装饰类型，是一种有前途的内墙装饰涂料。

(3) 新型粉末涂料。包括硅藻泥、海藻泥、活性炭墙材等，是目前比较环保的涂料。粉末涂料直接兑水使用，工艺配合专用模具施工，深受消费者和设计师喜爱。

(4) 水性仿瓷涂料。其装饰效果细腻、光洁、淡雅，价格不高，施工工艺繁杂，耐湿擦性差。它包含方解石粉、锌白粉、轻质碳酸钙、双飞粉、灰钙粉等，在调配和施工中不存在刺激性气味和其他有害物质。

(5) 多彩涂料。该涂料的成膜物质是硝酸纤维素，以水包油形式分散在水相中，一次喷涂可以形成多种颜色花纹。

(6) 液体壁纸。流行趋势较大的内墙装饰涂料，效果多样，色彩可以任意调制，而且可以定制效果，有超强的耐摩擦和抗污性。

2. 外墙涂料

外墙涂料用于涂刷建筑外立墙面。外墙直接暴露在大自然中，经受风、雨、日晒的侵袭，故要求涂料有耐水、保色、耐污染、耐老化性能以及良好的附着力，同时还具有抗冻融性好、成膜温度低的特点。外墙涂料主要有以下几类。

(1) 薄质外墙涂料：质感细腻、用料较省，也可用于内墙装饰，包括平面涂料、沙壁状、云母状涂料。

(2) 复层花纹涂料：花纹呈凹凸状，富有立体感。

(3) 彩砂涂料:染色石英砂、瓷粒云母粉为主要原料,色彩新颖,晶莹绚丽。
(4) 厚质涂料:可喷、可涂、可滚、可拉毛,也能做出不同质感花纹。

3.3 烟花

作为中国传统习俗,在节日或欢庆的日子里,五彩缤纷的烟花爆竹是必不可少的元素。夜空中迸发出的一朵朵"锦簇花团",其实都是化学物质的作用。

3.3.1 烟花的主要成分

烟花的化学成分大体分为 4 类:第一类是氧化剂,如硝酸钾(KNO_3)、氯酸钾($KClO_3$)等。第二类是可燃物质,如硫磺(S)、木炭(C)、镁粉(Mg)和赤磷(P)。烟花内的火药是以黑色火药为基础发展而来的,一般配方是硝酸钾(KNO_3)3 g,硫磺 2 g,炭粉 4.5 g,蔗糖 5 g,镁粉 1~2 g。点燃后的爆炸反应主要是:

$$2KNO_3 + 3C + S = K_2S + N_2 + 3CO_2$$

第三类是火焰着色物,如钡盐、锶盐、钠盐和铜盐。第四类是其他特效药物,如苦味酸钾、聚氯乙烯树脂、六氯乙烷、各种油脂和硝基化合物,这些物质会造成有机污染。

硝酸钾分解放出的氧气使木炭和硫磺剧烈燃烧,瞬间产生大量的热和氮气、二氧化碳等气体。由于体积急剧膨胀,压力猛烈增大,于是发生了爆炸。

随着科技的进步,现代烟花的成分也各不相同,但一定包含氧化剂和可燃物质,可以发生剧烈的燃烧反应。正是这种爆炸,使气体膨胀为球形,四周散发。再搭配上爆炸时产生的有节奏的声响,多了一份协调美。

燃放烟花的时候,为什么会呈现出多种多样的颜色呢?烟花绽放是靠金属灼烧时的现象来产生颜色的,这种现象称为焰色反应。

3.3.2 焰色反应及其原理

焰色反应是根据某些金属或者它们的挥发性化合物在无色火焰中灼烧时会呈现出不同颜色的火焰,而对这些金属离子进行检验的一种化学实验方法。通过焰色反应可以判断物质中是否含有某种金属或金属化合物。

元素周期表第一主族为碱金属,包括锂(Li)、钠(Na)、钾(K)、铷(Rb)、铯(Cs)等。之所以称它们为碱金属,是因为它们的氢氧化物都是溶于水的强碱。第二主族为碱土金属,这是因为它们的性质介于"碱性"和"土性"(难溶氧化物,如 Al_2O_3)之间,包括铍(Be)、镁(Mg)、钙(Ca)、锶(Sr)、钡(Ba)、镭(Ra)。

当我们将碱金属或碱土金属及其盐类化合物放在火焰上灼烧时,就可以看到火焰变成了各种颜色,也就是发生焰色反应。焰色反应是物理变化,并未生成新物质;颜色是由这些金属元素决定的,而与它们是单质还是化合物无关。

那么,这些颜色是怎样产生的呢?

在灼烧时,碱金属或碱土金属原子中的电子吸收了能量,从能量较低的轨道跃迁到能量较高的轨道。但处于能量较高轨道上的电子是不稳定的,很快跃迁回能量较低的轨道,这时,多余的能量将以光的形式放出。因碱金属或碱土金属的原子结构不同,电子跃迁时能量的变化就不相同,因此,不同金属或它们的化合物在灼烧时会放出多种不同波长的光。在肉眼能感知的可见光范围内(波长为 400~760 nm),就能使火焰呈现颜色。

表 3-2　常见金属离子对应可见光区谱线波长及所呈焰色

金属离子	Li^+	K^+	Rb^+	Cs^+	Ca^{2+}	Sr^{2+}	Ba^{2+}
波长/nm	670.8	404.4 404.7	420.2 629.8	455.5 459.3	612.2 616.2	587.8 707.0	553.6
焰色	紫红	紫	绯红	绯红	砖红	洋红	黄绿

为了产生不同颜色的烟花,生产厂家会向烟花中加入不同的金属或金属盐,如添加钾盐产生紫色,添加钠盐产生黄色等。有些特殊的烟花还会控制火药的燃放顺序和金属盐的空间位置,从而呈现出随时间变换不同颜色或者颜色渐变的烟花。这样,在空中绽放的烟花颜色各异,变幻万行,并且还伴随着耀眼的闪光,非常美丽。

只有碱金属和碱土金属被用来产生焰色反应,难道别的元素就没有电子跃迁了吗? 当然不是,这是因为其他元素的电子跃迁释放出的能量所对应的波长均不在可见光范围内,无法被肉眼看见。

第四章 生命运行中的化学

化学是与生命活动关系最为密切的科学之一。因为生物体本身就是由化学元素组成的,生命体内每时每刻都在发生着复杂的化学反应,这些化学反应一旦发生异常,就会直接影响生物的健康和寿命。甚至周围环境因素发生变化,也会影响生物正常的生理活动。因此,了解人体内的各种化学变化,就能了解人类自身,也就有可能使人类更健康。

4.1 人体中的化学

人体中包含各种各样的化学物质,并进行着众多化学反应。如果将性质相近的物质归在一起,组成人体的化学物质大致可分为糖类、脂类、蛋白质、核酸、水、无机盐等。这些化学物质在人体内的功能各异,它们构成了人体的各种细胞和细胞间质,并供给细胞活动的能量。任何一种物质的缺乏,都会导致人体的障碍和损伤。

在人体中发生的化学反应,反应速度极快,反应十分完全。

4.1.1 人体的化学组成

人体的生理构造虽然复杂,但人体的化学组成极为简单,从分子方面来说,水占了主要地位,它的占整个身体质量的2/3。一个中等身材的成年男子的体重(70 kg),在脱水之后就只有25 kg了,其中大约有碳水化合物3 kg、脂肪7 kg、蛋白质12 kg、矿物质平均3 kg。从原子方面来说,仅仅四种元素——碳、氧、氢和氮——就占体重的96%。由这些元素组成的糖类(又名碳水化合物)、脂类、核酸和蛋白质,以及无机盐构成了人体的主要成分。

1. 糖类

糖类是由碳、氢、氧三种元素组成的一大类化合物。因最早发现的糖类中氢与氧的比例和水一样,故曾被称为碳水化合物 $C_n(H_2O)_m$,后来发现其实这一比例并不通用。糖是生物体中重要的有机大分子之一,也是自然界分布最广、含量最丰富的一类有机化合物。它是人体能量的主要来源,在人类的生命过程中起着非常重要的作用。

糖类按其化学结构可分为单糖、双糖和多糖(图4-1)。单糖(图4-2)是指不能再水解的糖类,是构成各种二糖和多糖分子的基本单位。自然界的单糖主要是五碳糖、六碳糖等。核糖和脱氧核糖是五碳糖,它们是组成核酸的必需物质。葡萄糖和果糖是六碳糖。单糖中最重要的、与人们关系最密切的是葡萄糖,化学式为 $C_6H_{12}O_6$,存在于植物性食物中。常见的单糖还有果糖和半乳糖等,果糖大量存在于水果和蜂蜜中,是最甜的一种糖,其甜度为蔗糖的1.75倍。半乳糖是乳糖的水解产物,存在于动物的乳汁中。

二糖(图4-3)是两分子单糖通过糖苷键连接起来的化合物。常见的二糖有蔗糖、乳糖和麦芽糖。蔗糖在甘蔗、甜菜中含量最高,我们食用的白糖、红糖和砂糖都是蔗糖。乳糖是葡萄糖和半

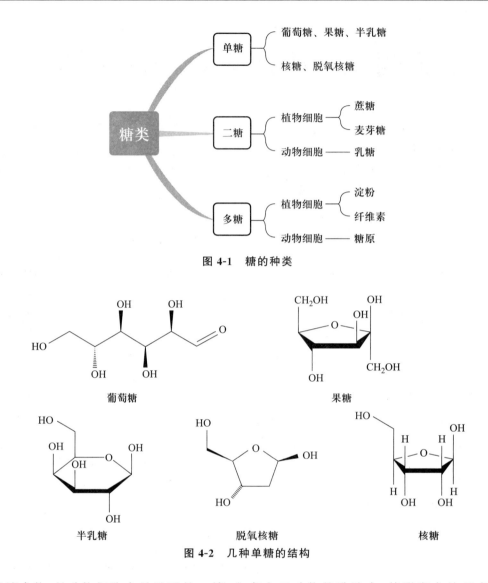

图 4-1 糖的种类

图 4-2 几种单糖的结构

乳糖的缩合物,是动物细胞中最重要的二糖,它存在于动物的乳汁中,其甜度大约只有蔗糖的 1/6。麦芽糖由两分子葡萄糖缩合而成。谷类种子萌芽时含量较高,在麦芽中含量最高。

多糖是由糖苷键结合的糖链,至少由 10 个以上单糖组成的高分子碳水化合物。由相同的单糖组成的多糖称为同多糖,如淀粉、纤维素和糖原(图 4-4);不同的单糖组成的多糖称为杂多糖,如阿拉伯胶。

淀粉主要存在于谷、薯、豆类和水果中。淀粉在消化酶、酸和一定温度下可分解成糊精,糊精在肠道中有利于乳酸杆菌的生长,能减少肠内其他细菌的腐败作用。人体自身可以将多余的葡萄糖变成糖原储存起来,需要时再通过酶将它分解成葡萄糖。糖原主要存在于肝脏和肌肉中,所以有肝糖原和肌糖原之分。

纤维素常见于植物中,例如麻、棉花都是富含纤维素的植物。纤维素不能被人体消化、吸收和利用,这也是人不能靠食草为生的原因。食草动物体内既有淀粉酶,又有纤维素酶。

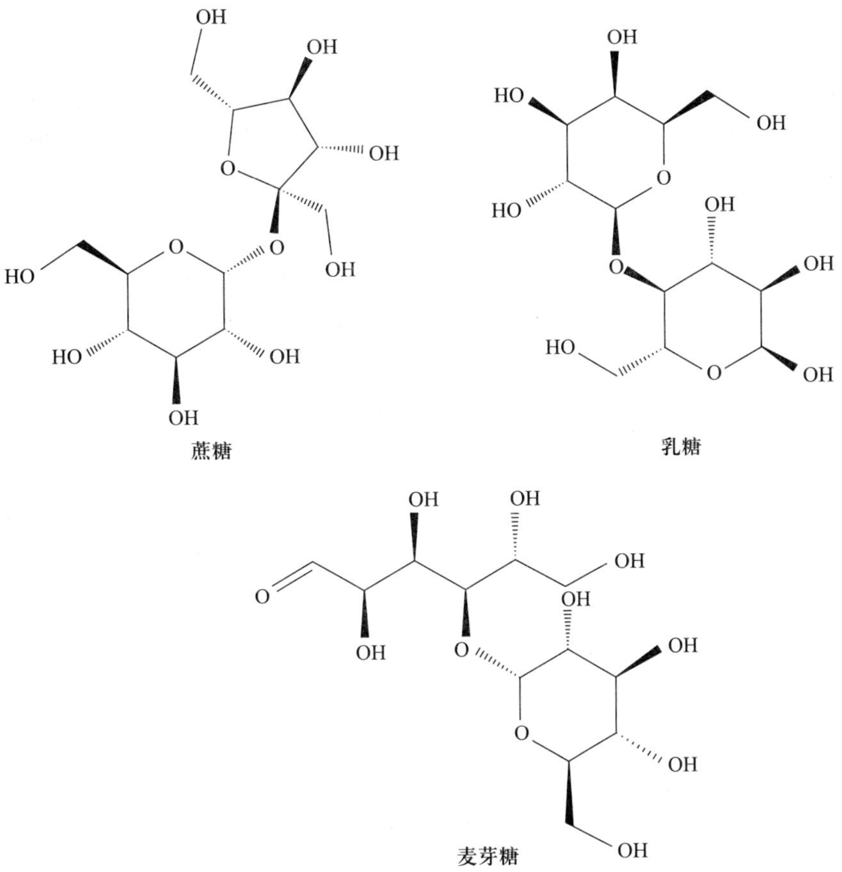

蔗糖

乳糖

麦芽糖

图 4-3　几种二糖的结构

多糖不是一种纯粹的化学物质,而是聚合程度不同的物质的混合物。多糖一般不溶于水,无甜味,不能形成结晶。多糖也是糖苷,所以可以水解,在水解过程中,往往产生一系列的中间产物,最终完全水解得到单糖。

2. 脂类

脂类是机体内的一类不溶于水而溶于有机溶剂的有机大分子物质,它是油脂和类脂的总称。油脂是由高级脂肪酸与丙三醇脱水形成的化合物。食物中的油脂主要是油和脂肪,一般把常温下是液体的称作油,而把常温下是固体的称作脂肪。从化学角度看,油是由不饱和高级脂肪酸和丙三醇脱水形成的,主要存在于植物中;脂肪是由饱和高级脂肪酸和丙三醇脱水形成的,主要存在于动物中。自然界的油脂都具有一个相同的结构,就是三脂肪酸甘油酯。它们水解之后的产物是脂肪酸和甘油。不同的脂的区别在于R基团的不同。R基团中若有双键,则为不饱和脂肪酸甘油酯。

类脂是指类似油脂的一类物质的统称,它们在物态及物理性质方面与油脂类似。在自然界中,最丰富的类脂是混合的甘油三酯,在食物中占脂肪的98%,在身体中占28%以上。最重要的

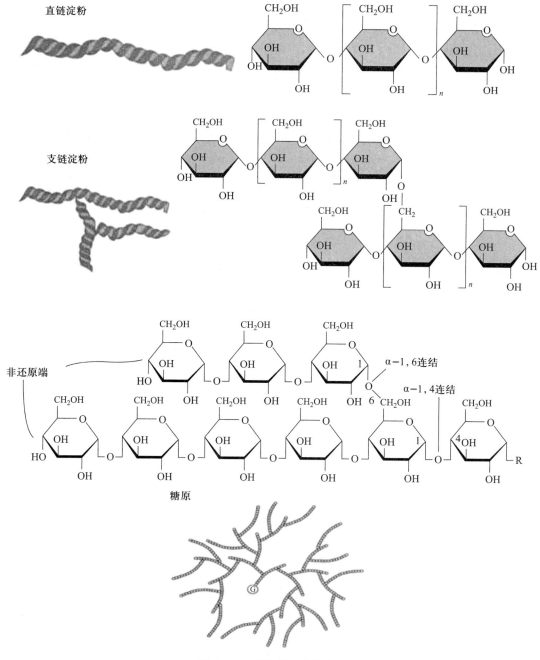

图 4-4 淀粉和糖原的结构

类脂是磷脂,包括卵磷脂、脑磷脂、肌醇磷脂。所有的细胞中都含有磷脂,它是细胞膜和血液中的结构物,在脑、神经、肝中含量非常高。卵磷脂是膳食和体内最丰富的磷脂之一,由 1 分子甘油、2 分子脂肪酸、1 分子磷酸和 2 分子胆碱组成,它与脂肪的吸收和代谢有关,有抗脂肪肝的作用。脑磷脂是 1 分子甘油、2 分子脂肪酸、1 分子磷酸和 1 分子乙醇胺组成,它是组成各种器官组织的

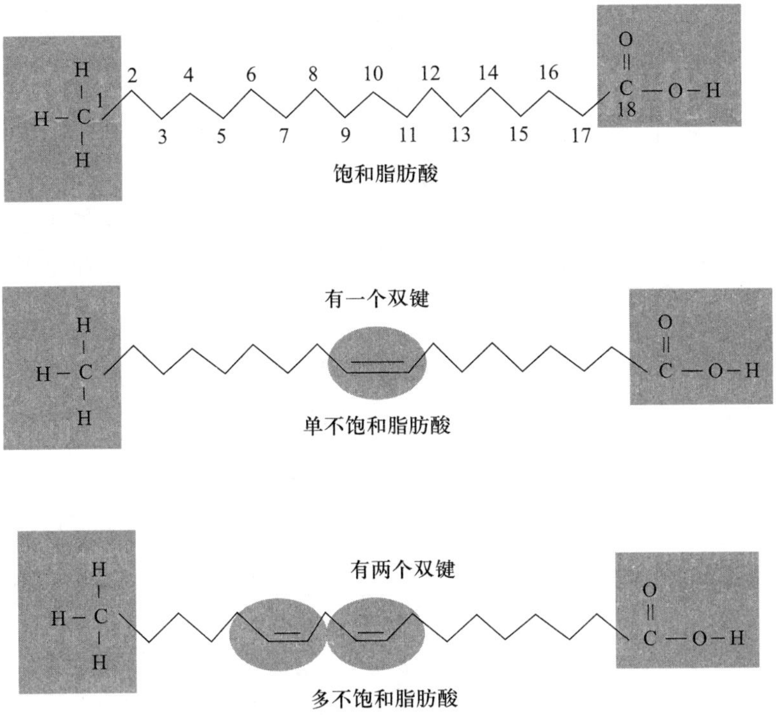

图 4-5 脂肪酸的种类

图 4-6 三脂肪酸甘油酯的形成过程

重要成分。血小板在血管破损时释放的磷脂可以促进血液凝固过程。糖脂、脂蛋白和类固醇等化合物也属于类脂。胆固醇以自由状态或作为脂肪酸酯的醇的成分,存在于几乎所有组织中,尤其是在脑、神经和肾上腺中。动物体内几乎所有细胞都能合成胆固醇,肝脏合成速度最快、数量最多。

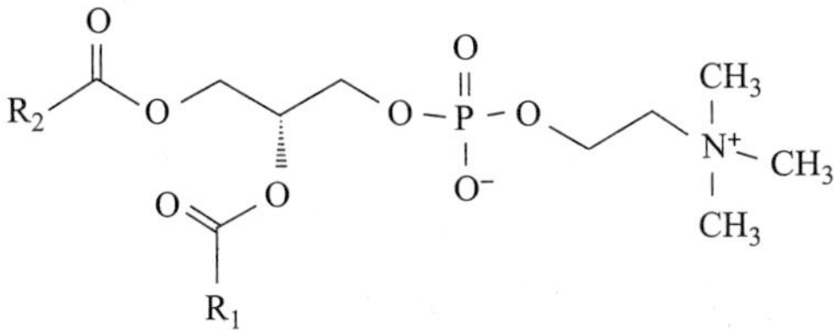

图 4-7 卵磷脂的结构

3. 核酸

核酸是一类大分子有机化合物,由碳、氢、氧、氮、磷等元素构成。一般来说,核酸是脱氧核糖核酸(DNA)和核糖核酸(RNA)的总称(表 4-1),由许多核苷酸单体聚合而成,为组成生命的基本物质之一。一个核苷酸分子由 1 分子含氮的碱基、1 分子五碳糖和 1 分子磷酸组成的。如果五碳糖是核糖,则组成核糖核苷酸,形成的聚合物是 RNA;如果五碳糖是脱氧核糖,则组成脱氧核糖核苷酸,形成的聚合物是 DNA。DNA 中所含的核苷酸种类只有四种,但数量可能达几十亿个。

表 4-1　DNA 和 RNA 的对比

核酸	DNA	RNA
名称	脱氧核糖核酸	核糖核酸
结构	规则的双螺旋结构	通常呈单链结构
基本单位	脱氧核糖核苷酸	核糖核苷酸
五碳糖	脱氧核糖	核糖
含氮碱基	A(腺嘌呤) G(鸟嘌呤) C(胞嘧啶) T(胸腺嘧啶)	A(腺嘌呤) G(鸟嘌呤) C(胞嘧啶) U(尿嘧啶)
分布	主要存在于细胞核中	主要存在于细胞质中
功能	携带遗传信息,在生物体的遗传、变异和蛋白质的生物合成中具有极其重要的作用	作为遗传物质;只在 RNA 病毒中;不作为遗传物质;在 DNA 控制蛋白质合成过程中起作用

每一个物种都具有自己独特的 DNA。在 DNA 中,核苷酸不同的排列顺序,使得生命物种具有多样性。物种的繁衍是通过 DNA 将上一代的信息传递给下一代的。

4. 蛋白质

蛋白质是生命的物质基础,是构成细胞的基本有机大分子,是生命活动的主要承担者,与生命及各种形式的生命活动紧密联系在一起。人体中到处都有蛋白质,肌肉、内脏、各种酶,甚至毛发中都有蛋白质。

蛋白质占人体总质量的 $16\%\sim20\%$,即一个 60 kg 的成年人体内约有蛋白质 $9.6\sim12$ kg。人体内蛋白质的种类很多,性质、功能各异,但都是由 20 种氨基酸(表 4-2)按不同比例组合而成的,并在体内不断进行代谢。

氨基酸是蛋白质的基本组成单位。氨基酸的分类方法很多,根据氨基酸分子中所含氨基和羧基数目的不同,分为中性氨基酸(一氨基一羧基)、酸性氨基酸(一氨基二羧基)和碱性氨基酸(二氨基一羧基)。按其在水中的溶解性可分为亲水性氨基酸和疏水性氨基酸;按氨基的位置不同可分为 α-氨基酸、β-氨基酸等。

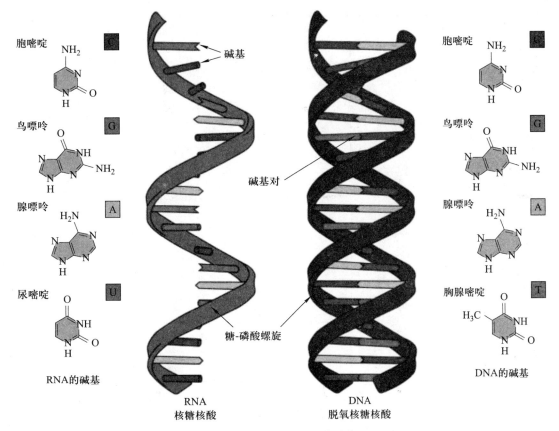

图 4-8 DNA 和 RNA 的结构

表 4-2 人体内的氨基酸

名　　称	英文缩写		结　构　式
非极性氨基酸			
丙氨酸(α-氨基丙酸) Alanine	Ala	A	$\mathrm{CH_3 - \underset{\underset{^+NH_3}{\mid}}{CH} - COO^-}$
缬氨酸(β-甲基-α-氨基丁酸) *Valine	Val	V	$\mathrm{(CH_3)_2CH - \underset{\underset{^+NH_3}{\mid}}{CH}COO^-}$
亮氨酸 (γ-甲基-α-氨基戊酸) *Leucine	Leu	L	$\mathrm{(CH_3)_2CHCH_2 - \underset{\underset{^+NH_3}{\mid}}{CH}COO^-}$
异亮氨酸 (β-甲基-α-氨基戊酸) *Isoleucine	Ile	I	$\mathrm{CH_3CH_2\underset{\underset{CH_3}{\mid}}{CH} - \underset{\underset{^+NH_3}{\mid}}{CH}COO^-}$

续表

名　称	英文缩写		结　构　式
苯丙氨酸 （β-苯基-α-氨基丙酸） ＊Phenylalanine	Phe	F	$\text{C}_6\text{H}_5-\text{CH}_2-\underset{\underset{{}^+\text{NH}_3}{\mid}}{\text{CH}}\text{COO}^-$
色氨酸 [α-氨基-β-(3-吲哚基)丙酸] ＊Tryptophan	Trp	W	吲哚-$\text{CH}_2\underset{\underset{{}^+\text{NH}_3}{\mid}}{\text{CH}}-\text{COO}^-$
甲硫氨酸 （α-氨基-γ-甲硫基戊酸） ＊Methionine	Met	M	$\text{CH}_3\text{SCH}_2\text{CH}_2-\underset{\underset{{}^+\text{NH}_3}{\mid}}{\text{CH}}\text{COO}^-$
脯氨酸 （α-四氢吡咯甲酸） Proline	Pro	P	吡咯烷环-COO$^-$
非电离的极性氨基酸			
甘氨酸 （α-氨基乙酸） Glycine	Gly	G	$\underset{\underset{{}^+\text{NH}_3}{\mid}}{\text{CH}_2}-\text{COO}^-$
丝氨酸 （α-氨基-β-羟基丙酸） Serine	Ser	S	$\text{HOCH}_2-\underset{\underset{{}^+\text{NH}_3}{\mid}}{\text{CH}}\text{COO}^-$
苏氨酸 （α-氨基-β-羟基丁酸） ＊Threonine	Thr	T	$\underset{\underset{\text{OH}}{\mid}}{\text{CH}_3\text{CH}}-\underset{\underset{{}^+\text{NH}_3}{\mid}}{\text{CH}}\text{COO}^-$
半胱氨酸 （α-氨基-β-巯基丙酸） Cysteine	Cys	C	$\text{HSCH}_2-\underset{\underset{{}^+\text{NH}_3}{\mid}}{\text{CH}}\text{COO}^-$
酪氨酸 （α-氨基-β-对羟苯基丙酸） Tyrosine	Tyr	Y	$\text{HO}-\text{C}_6\text{H}_4-\text{CH}_2-\underset{\underset{{}^+\text{NH}_3}{\mid}}{\text{CH}}\text{COO}^-$
天冬酰胺 （α-氨基丁酰胺酸） Asparagine	Asn	N	$\text{H}_2\text{N}-\overset{\overset{\text{O}}{\|\|}}{\text{C}}-\text{CH}_2\underset{\underset{{}^+\text{NH}_3}{\mid}}{\text{CH}}\text{COO}^-$
谷氨酰胺 （α-氨基戊酰胺酸） Glutamine	Gln	Q	$\text{H}_2\text{N}-\overset{\overset{\text{O}}{\|\|}}{\text{C}}-\text{CH}_2\text{CH}_2\underset{\underset{{}^+\text{NH}_3}{\mid}}{\text{CH}}\text{COO}^-$

续表

名　称	英文缩写		结　构　式
碱性氨基酸			
组氨酸 [α-氨基-β-(4-咪唑基)丙酸] Histidine	His	H	组氨酸结构式（咪唑环-CH$_2$CH(NH$_3^+$)COO$^-$）
赖氨酸 (α,ω-二氨基己酸) *Lysine	Lys	K	$^+$NH$_3$CH$_2$CH$_2$CH$_2$CH$_2$CHCOO$^-$ 　　　　　　　　　　　　　　| 　　　　　　　　　　　　　NH$_2$
精氨酸 (α-氨基-δ-胍基戊酸) Arginine	Arg	R	$^+$NH$_2$ 　　　　 || H$_2$N—C—NHCH$_2$CH$_2$CH$_2$CHCOO$^-$ 　　　　　　　　　　　　　　　　| 　　　　　　　　　　　　　　　$^+$NH$_3$
酸性氨基酸			
天冬氨酸 (α-氨基丁二酸) Aspartic acid	Asp	D	HOOCCH$_2$CHCOO$^-$ 　　　　　　| 　　　　　$^+$NH$_3$
谷氨酸 (α-氨基戊二酸) Glutamic acid	Glu	E	HOOCCH$_2$CH$_2$CHCOO$^-$ 　　　　　　　　| 　　　　　　　$^+$NH$_3$

注：带"*"为必需氨基酸。

蛋白质由氨基酸通过缩合反应形成，即一个氨基酸的氨基和另一个氨基酸的羧基脱去一分子水，形成肽。两个氨基酸形成的肽称为二肽，多个氨基酸形成的肽称为多肽。蛋白质是由一条

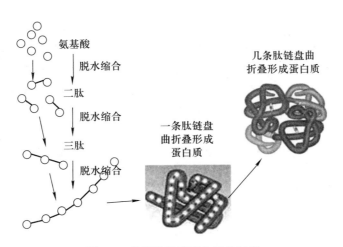

图 4-9　氨基酸组成蛋白质的过程

或多条多肽链组成的生物大分子,每一条多肽链有 20 至数百个氨基酸残基(—R)不等;各种氨基酸残基按一定的顺序排列。蛋白质的氨基酸序列由对应基因所编码。除了遗传密码所编码的 20 种基本氨基酸,在蛋白质中,某些氨基酸残基还可以被翻译后修饰而发生化学结构的变化,从而对蛋白质进行激活或调控。多个蛋白质可以折叠或螺旋构成一定的空间结构,在一起形成稳定的蛋白质复合物,从而发挥某一特定功能。合成多肽的细胞器是细胞质中糙面型内质网上的核糖体。蛋白质的不同在于其氨基酸的种类、数目、排列顺序和肽链空间结构的不同。

人体摄入的蛋白质在体内被水解成氨基酸,被消化系统吸收后,合成人体所需蛋白质,同时新的蛋白质又在不断分解,时刻处于动态平衡中。因此,食物中蛋白质所含各种氨基酸的比例,关系到人体蛋白质合成的量,尤其是对于青少年的生长发育、孕产妇的优生优育、老年人的健康长寿,都与膳食中的蛋白质有着密切的关系。蛋白质又分为完全蛋白质和不完全蛋白质。缺乏必需氨基酸或者必需氨基酸含量少的蛋白质称不完全蛋白质,如谷、麦类、玉米所含的蛋白质和动物皮骨中的明胶等。

5. 无机盐和水

人体中还有许多生命活动所需要的无机盐。无机盐可分为两大类:离子性无机盐和非离子性无机盐。离子性无机盐包括钠、钙、磷、硫、氯等,它们在体内可以保证人体正常的新陈代谢和排毒功能,保持人体正常的酸碱平衡,抑制酸性物质的吸收,使细胞中的生理反应正常进行。非离子性无机盐一般指氧化物和硫化物,它们可以保护人体免受侵害,增强免疫力,抑制对外界有害物质的侵入。它们还是必要的酶类物质的重要原料,在一些重要的生命过程中发挥着极大的作用。

水是人体最重要的物质,参与人体内各种新陈代谢,维持体液平衡。水可以帮助人体抵御外界侵害;促进营养物质的吸收和运输,维持正常的脂肪代谢和糖代谢;控制体温,防止热量损失,维持正常的生理功能,使人体处于最佳状态。因此,无机盐和水是人体营养的基础。

4.1.2 人体中的化学反应

1. 人体中化学反应的特点

人体中化学反应的特点是:大部分在常温常压、接近中性 pH 的温和条件下进行,反应速度特别快,反应十分完全。有些反应若在体外几乎不可能发生。例如,糖燃烧反应生成二氧化碳,在人体体温(37℃左右)就可以反应完全。同样的反应若在体外进行,则需要几百摄氏度的条件下。蛋白质的水解,在体外需要加热到 100℃才能进行,而且要花费一天的时间才能完成;而在人体中,体温环境下一两个小时就能完成。

为什么会产生这样的效果呢?这是因为人体内有一种特殊的物质,那就是酶。它是一种特殊的催化剂。

2. 酶催化反应

如果在吃饭时,把米饭放在嘴里多咀嚼一会儿,就会感觉有甜味出来。这是因为唾液淀粉酶的存在。米饭含淀粉,是一种多糖,在唾液淀粉酶的作用下,多糖发生水解反应,转变成麦芽糖等有甜味的糖,这种作用称为催化作用。多糖水解反应的速度本来没那么快,但在唾液淀粉酶的作用下,反应速度大大加快,唾液淀粉酶成为多糖水解的催化剂。催化剂的特点是能加快化学反应的速度,但不影响化学反应的平衡位置。酶是一种具有催化作用的蛋白质,主要由氨基酸组成。很多酶必须有辅助因子(辅酶)才能起作用,如,唾液淀粉酶必须有氯离子存在时才有分解淀粉的活性。酶是生物催化剂,生物体代谢过程中的化学反应几乎都在酶的催化下进行。酶的催化效率极高,酶促反应的速率可比无催化反应的速率高 1010 倍。酶的作用具有高度专一性,即一种酶只能作用于某种特定的物质。另外,酶促反应一般都在温和条件下进行,正由于酶促反应的这些特点,所以酶在生物体的新陈代谢中发挥着特殊的作用。

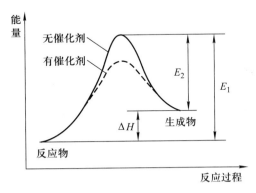

图 4-10　催化剂降低反应活化能

3. 生物氧化反应

人体内进行生物氧化反应需要氧气。人体可以通过呼吸从空气中获得氧气,据统计,每人每天大约需要 8×10^3 kJ 的能量来维持生命,也就是说,需要 450 L 氧气来氧化摄入的食物。氧气在水中的溶解度很小,常温常压下,1 L 水仅能溶解 6.59 cm³,按照这样的速度,无法满足生物氧化反应对氧气的需求。然而,生物体在长期的进化过程中发展了氧气载体,也就是指氧气可以配位在蛋白质所含的过渡金属离子上,形成配位键。这种配位反应是可逆的,氧气可以配位,也可以解离。

4.2　化学元素在人体中的作用

在诸多化学元素中,有一些与人类生命活动密切相关的也是必不可少的元素,它们被称为"生命元素"。人体中已发现了近 60 种元素,其中氧、碳、氢、氮、钙、磷、钾、硫、钠、氯和镁等 11 种元素占人体质重量组的 99.9%,余下不到 0.1%由硅、铁、氟、锌、碘、铜、钒、锰、镍、硒、铬、锡和钼等 14 种微量元素组成,还有其他极微量的元素。

4.2.1　金属元素对人体健康的作用和影响

钙、钾、钠、镁是人体中必需的常量元素,分别占人体质量的 2%、0.35%、0.15% 和 0.05%。Fe、Zn、Se、Mn、Cu、Cr、Co、Mo、Sc、Ni、Sn、V 等是人体中必需的微量元素。

1. 钙

钙是牙齿和骨骼的重要组成部分。钙在多种生理过程都有重要作用：离子态的钙能促进凝血酶原转变为凝血酶，使伤口处的血液凝固。钙有维持组织，尤其是肌肉和神经正常反应的功能，如在肌肉收缩运动中，它能活化三磷酸腺苷酶，保持肌体正常运动。缺钙时，儿童会患软骨病，中老年人会出现骨质疏松症，其主要表现为骨质增生，受伤易流血不止。钙还是很好的镇静剂，它有助于神经刺激的传递和神经的放松，如果人体缺钙，神经容易过度兴奋，导致脾气暴躁、失眠。

2. 镁

镁是生物必需的营养元素之一，它是人及哺乳动物体内多种酶的活化剂。镁在人体骨骼中的存在量占人体含镁总量的一半，其次是在各器官组织中。镁与钙一样，有保护神经的作用。镁严重缺乏时，将严重影响大脑，导致思维混乱、丧失方向感、精神沮丧，严重时甚至会精神错乱，产生幻觉。镁是降低血液中胆固醇的主要催化剂，还可防止动脉粥样硬化，可以防治心脏病。

3. 钠和钾

钠和钾是人体内的宏量元素，存在于细胞内及体液中。它们能使体液维持接近中性，决定组织中的水分多少。Na^+在体内起钠泵的作用，调节渗透压，给全身机体输送水分，使养分从肠中进入血液，再由血液进入细胞中。钾有助于神经系统传递信息。另外，钾可激活多种酶，对于肌肉的收缩非常重要。没有钾，糖无法转化为能量或储存在体内的肝糖，肌肉无法收缩，会导致麻痹或瘫痪。钠、钾离子对于内分泌也非常重要。此外，细胞内的钾与细胞外的钠，在正常的情况下能形成均衡状态，如果平衡被破坏，就会出现问题。过多的钠会使钾随尿液流失，过多的钾也会使钠严重流失。钠会促使血压升高，因此摄入过量的钠会患高血压。当钾不足时，钠会带着许多水分进入细胞内使细胞胀裂，形成水肿，损害肌肉及结缔组织。所以，建议每天钾和钠应均衡摄入，在体内保持均衡状态，过量的也能均衡排出，才能保证健康。

4. 铁

铁占体重的0.004%，其中2/3存在于血红蛋白与肌红蛋白中，是构成血红素的成分，它起着将氧输送到机体每一个细胞中的作用。其余的铁主要储存于肝、肾、脾中，是多种酶的主要成分。铁在婴幼儿、儿童时期的发育是非常重要的，特别是对于6~24个月的婴幼儿，缺铁会使大脑发育迟缓、受损。人体中缺铁，会导致缺铁性贫血，血红蛋白合成不足，氧不能得到及时输送，全身器官组织处于缺氧状态，使人感到体虚无力。

5. 锌

锌是维持人体正常发育的重要元素之一，特别是对于幼儿、儿童、少年，缺锌会影响很多酶的活性，进而影响整个机体的代谢，影响儿童生长发育。很多孩子长不高，带孩子到医院检查后，医生往往会告诉家长，孩子发育迟缓。重要原因之一就是体内缺锌。锌蛋白是一种味觉素，缺锌时味觉不灵，使人食欲不振，进而导致发育不良。

6. 硒

硒是维持人体正常生理功能的重要微量元素，主要存在于肝、脾、肾及心脏等脏器中。硒参与人体组织的代谢过程，在预防克山病、肿瘤和心血管疾病，延缓衰老方面都有重要作用。值得一提的是硒有抗癌作用。

但是，元素硒毒性小，化合物却有一定毒性。因此摄入过量的硒，特别是其化合物，也会对机体造成毒害。

锰、铜、铅、镉、汞、砷、银等元素在人体中都有少量存在，每天都会从食物、呼吸、水等渠道少量进入人体，当然也通过排泄系统排出体外。

4.2.2 非金属元素对人体健康的影响

1. 磷

磷在体内以磷酸盐形式存在，起着维持体内正常酸碱度的作用。人体中的磷总量为 400～800 g，80% 存在于骨骼与牙齿中，其余主要集中在各种细胞内液中。磷是构成骨质、核酸的基本组成，是代谢中的重要储能物质，也是细胞内的主要缓冲物质。缺磷会影响钙的吸收，导致软骨病、骨质疏松等病症。缺磷也会影响体内核酸的合成。

2. 碘

碘是人体必需的微量元素之一，集中在甲状腺中。碘的主要生理功能为构成甲状腺素和三碘甲状腺原氨酸，它们的功能是控制能量的转移、蛋白质和能量的代谢、调节神经和肌肉的功能、调控毛发与皮肤的生长。怀孕期间缺乏碘，胎儿无法正常发育，严重时会导致婴儿有先天缺陷；老年人严重缺乏碘时，会导致黏液水肿；一般情况下，缺碘还会造成甲状腺肿大。

3. 氟

氟主要分布在骨骼和牙齿中，适当补充氟可以预防龋齿和老年骨质疏松症。但是，氟是一种积累性毒物，含量高时会导致氟斑牙；长期较大剂量摄入氟时会引发氟骨症，使骨骼变脆、变形等。

4.3　维生素对人体的作用

维生素是维持人体生命活动必需的一类有机物质，也是保持人体健康的重要活性物质。维生素在体内的含量很少，但在人体生长、代谢、发育过程中却发挥着重要的作用。各种维生素的化学结构以及性质虽然不同，但它们却有着以下共同点：① 维生素不是构成机体组织和细胞的组成成分，它也不会产生能量，它的作用主要是参与机体代谢的调节；② 大多数维生素，人体不能合成或合成量不足，不能满足机体的需要，必须从食物中获得；③ 人体对维生素的需要量很小，日需要量常以毫克（mg）或微克（μg）计算，但一旦缺乏就会引发相应的维生素缺乏症，对人体健康造成损害。如果长期缺乏某种维生素，就可能引起生理机能障碍而发生某种疾病。

维生素的种类很多，对人体影响最大的主要有维生素 A、B、C、D 四类，另外还有维生素 E、

K、P 等。表 4-3 为一些较为重要的维生素。

表 4-3 重要的维生素

脂溶性维生素	水溶性维生素
维生素 A(A_1，A_2，胡萝卜素)	维生素 B 族(B_1，烟酸，泛酸，叶酸，生物素，肌醇等)
维生素 D(D_2，D_3 等)	维生素 C(抗坏血酸)
维生素 E(α，β，γ，δ-生育酚)	维生素 P
维生素 F(亚油酸，亚麻酸)	
维生素 K(K_1，K_2，K_3，K_4，K_5)	

1. 维生素 A

维生素 A 是一种极其重要、极易缺乏的，为人体维持正常代谢和机能所必需的脂溶性维生素。早在 1000 多年前，中国唐代医学家孙思邈在《千金要方》中就记载了用动物肝脏可治疗夜盲症。1913 年，美国台维斯等 4 位科学家发现，鱼肝油可以治疗干眼症。随后，科学家从鳕鱼肝脏中提取出黄色黏稠液体，将其命名为"脂溶性 A"。之后，陆续有新的为人体所必需的脂溶性物质被科学家发现，到 1920 年，"脂溶性 A"被英国科学家正式命名为维生素 A，又称视黄醇或抗干眼醇。它是所有 β 紫萝酮衍生物的总称，是一种在结构上与胡萝卜素相关的维生素，有维生素 A_1（图 4-11）及维生素 A_2 两种。

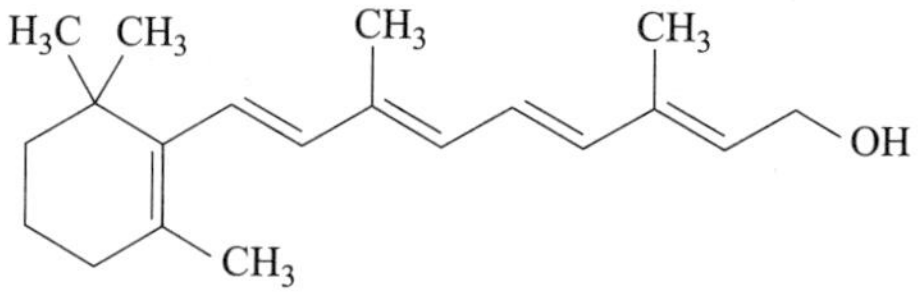

图 4-11 维生素 A_1 的结构

维生素 A 的主要作用是促进人体生长，增强对传染病的抵抗力。它可以维持上皮细胞的健康，预防夜盲症、干性眼炎、结膜硬化、皮肤干燥、蛀虫和生长迟缓、发育不良等症状。含维生素 A 的食物有鱼肝油、动物肝、牛奶、菠菜、番茄、胡萝卜等。

2. 维生素 B 族

维生素 B 族包括维生素 B_1（硫胺素）、维生素 B_2（核黄素）、维生素 B_3（烟酸）、维生素 B_5（泛酸）、维生素 B_6（吡哆醇）、维生素 B_7（生物素）、维生素 B_9（叶酸）、维生素 B_{12}（氰钴胺）等。由于其有很多共同特性（如都是水溶性、都是辅酶等）以及需要相互协同作用，因此被归为一族。

如果把维生素 B 族看作一个足球队，那么，每一种维生素 B 就如一个球员，要踢好一场球，必须有一个完整的球队上场，而且各司其职，协同战斗。假设球员不足或仅个别球员上场，那是绝对踢不好的。对维生素 B 族的补充也是这样的道理。

维生素 B 族的作用是相辅相成的,单独摄取任何一种或其中部分种类,只会增加其他未补充维生素 B 的需要量,摄取不足的部分因为缺乏,反而会造成身体异常。维生素 B 族是个庞大的家族,这些家族成员必须同时发挥作用,这种现象称维生素 B 族共融现象。

(1) 维生素 B_1

维生素 B_1 又称硫胺素,是最早被人们提纯的维生素,具有维持正常糖代谢的作用。结构式如图 4-12 所示。

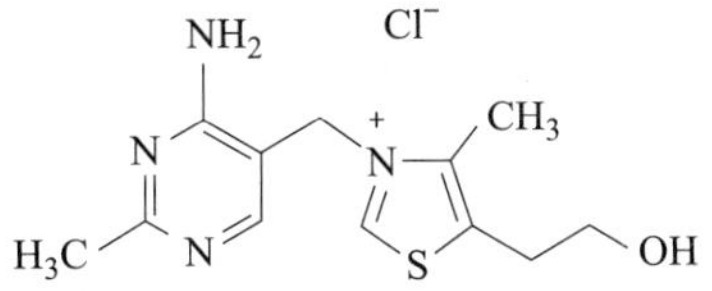

图 4-12　维生素 B_1 的结构

维生素 B_1 可以促进食欲、帮助消化、维持神经健康、促进生长和增强抗病能力。它在进入人体后可以结合成磷酸盐,能帮助糖类代谢,对于神经组织的正常生理机能非常重要。它能防止消化不良、便秘、脚气病神经炎和各种神经痛。含维生素 B_1 的食物有米糠、花生米、胡桃、蚕豆、酵母片等。

(2) 维生素 B_2

维生素 B_2 又称核黄素,因其存在于细胞核内而得名。

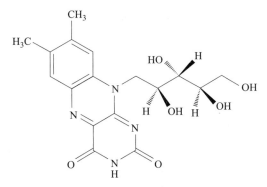

图 4-13　维生素 B_2 的结构

维生素 B_2 是橘黄色针状晶体,味苦,微溶于水,极易溶于碱性溶液,且遇碱容易分解,对光不稳定。其生理作用是参与糖类、蛋白质、核酸和脂肪代谢,可提高人体对蛋白质的利用率,促进生长发育,它是人体组织代谢和修复的必需营养素。人体缺少了维生素 B_2,会产生口角溃烂、唇炎、舌炎和眼内干燥、角膜炎等症状。含维生素 B_2 丰富的食物有干酵母、动物肝、蛋黄、卷心菜、菠菜和萝卜。

(3) 维生素 B_6

维生素 B_6 又称吡哆素,包括吡哆醇、吡哆醛及吡哆胺,在体内以磷酸酯的形式存在,是一种水溶性维生素,遇光或碱易破坏,不耐高温。它是一种无色晶体,易溶于水及乙醇,在酸液中稳定,在碱液中易破坏。吡哆醇耐热,吡哆醛和吡哆胺不耐高温。在酵母菌、肝脏、谷粒、肉、鱼、蛋、豆类及花生中含量较多。它是人体内某些辅酶的组成成分,参与多种代谢反应,尤其和氨基酸代谢有密切关系。临床上应用维生素 B_6 防治妊娠呕吐和放射病呕吐。

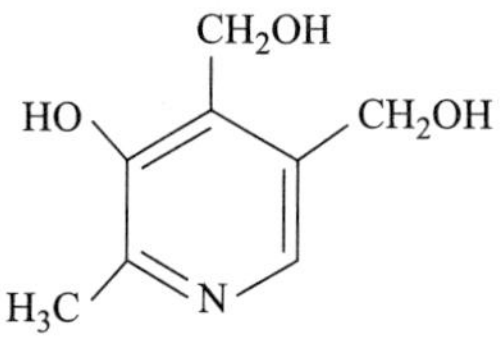

吡哆醇 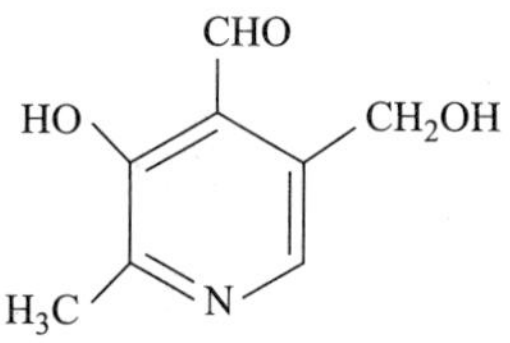　　　　　吡哆醛 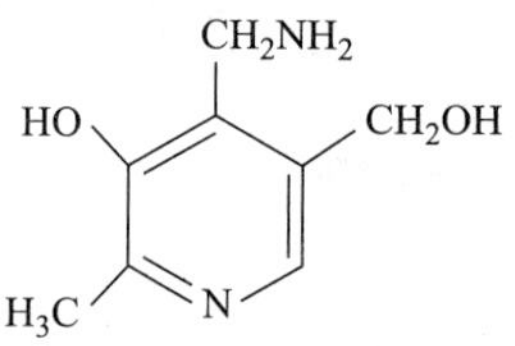　　　　　吡哆胺

(4) 维生素 B_{12}

维生素 B_{12} 又称钴胺素,是一种含有 +3 价钴的多环系化合物,4 个还原的吡咯环连在一起变成为 1 个咕啉大环(与卟啉相似),是唯一含金属元素的维生素。维生素 B_{12} 是一种深红色结晶粉末,溶于水,具有吸湿性,在 pH 4.5～5.0 弱酸条件下最稳定,强酸(pH<2)或碱性溶液中分解,遇热有一定程度破坏。因此,在加工含维生素 B_{12} 的食物时,加醋或碱会使其损失。它是一种需要肠道分泌物(内源因子)帮助才能被吸收的维生素,参与制造骨髓红细胞,可以防止恶性贫血,防止大脑神经受到破坏。

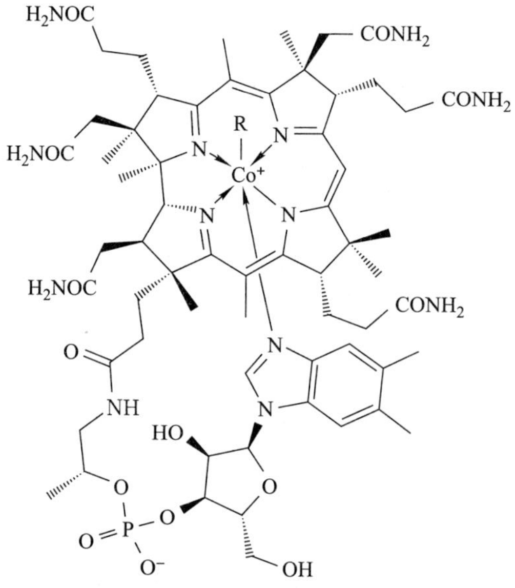

R=5′-deoxyadenosyl, CH_3, OH, CN

图 4-14　维生素 B_{12} 的结构

缺乏维生素 B_{12} 会引起慢性腹泻、癞皮病等。含维生素 B_{12} 丰富的食物有动物肝脏、奶、肉、蛋、鱼等,植物中一般不含维生素 B_{12}。

(5) 其他维生素 B 族成员

人体中除了上述介绍的维生素 B 族成员之外,还有另外一些,如下所示:

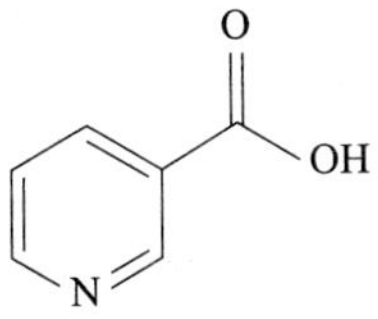

烟酸 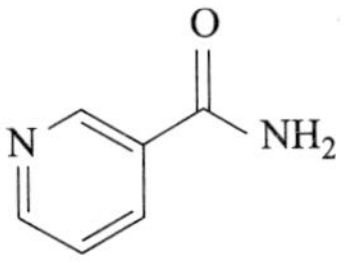　　　　　　烟酰胺

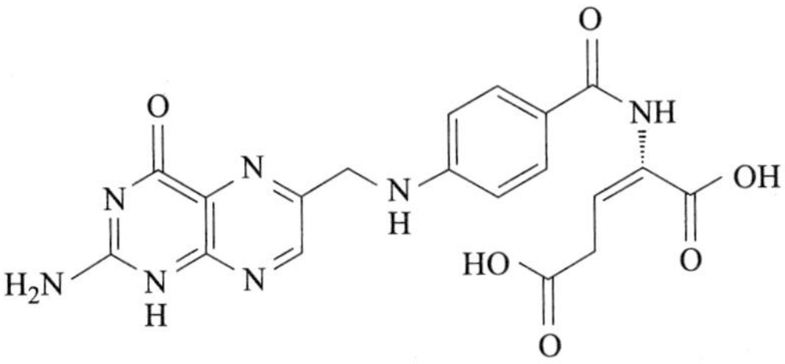

叶酸

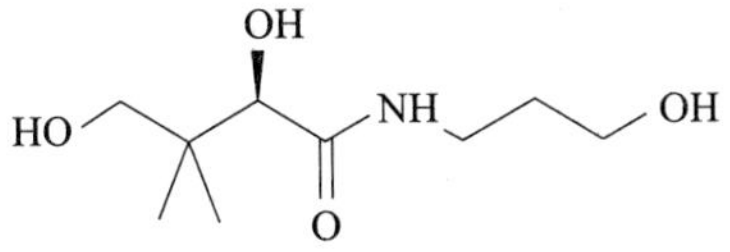

泛酸

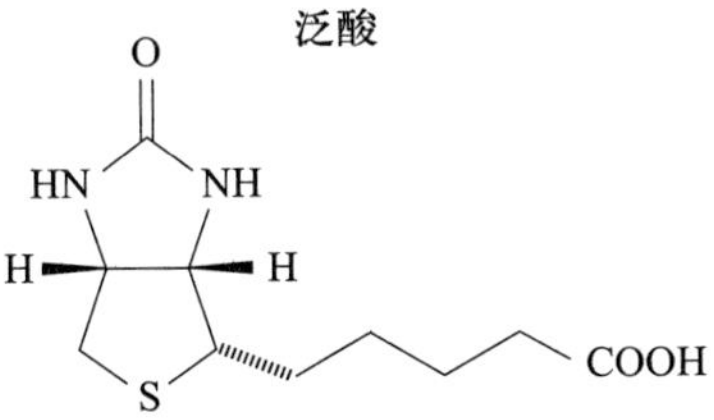

生物素

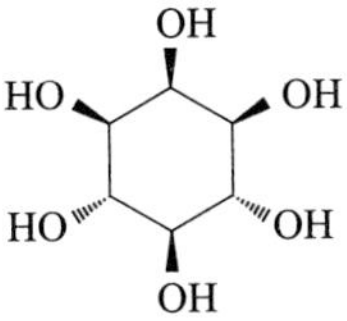

肌醇 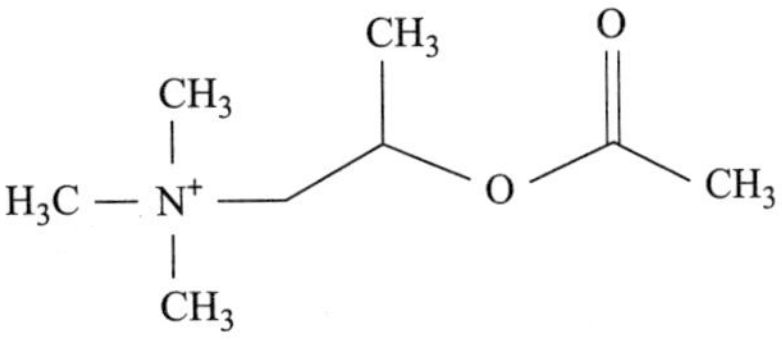　　　　　　胆碱

烟酸、泛酸、生物素、胆碱、肌醇和皮肤黏膜病以及神经系统疾病有关。胆碱、肌醇还与脂肪分解有关，有预防脂肪肝的作用，是骨髓巨红细胞和白细胞等细胞生存和分裂的必需物质，临床上可用于治疗巨红细胞贫血，有一定的抗癌作用。

3. 维生素 C

维生素 C，也称抗坏血酸，通常是片状的单斜晶体，有时是针状。它的主要作用是维持人体细胞间联络组织的正常机能，促进人体生长。人体缺乏维生素 C 时，会引起齿骨不固、血管脆弱、发育不良的症状，严重时会出现皮下出血，口腔和消化器官黏膜出血和坏血病。含维生素 C 丰富的食物有柠檬、橘子、菠菜、番茄、茶叶等。但维生素 C 的过量补充对健康无益，反而有害，故需要合理使用。

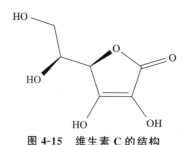

图 4-15 维生素 C 的结构

4. 维生素 D

维生素 D 是维持高等动物生命所必需的营养素之一,是一族 A、B、C、和 D 环结构相同但侧链不同的分子总称。A、B、C、D 环的结构来源于类固醇的环戊氢烯菲环结构。根据其侧链结构的不同,有 D_2、D_3、D_4、D_5、D_6 和 D_7 等多种形式,在动物营养中真正发挥作用的只有 D_2(麦角钙化醇)和 D_3(胆钙化醇)两种活性形式。

维生素 D 的主要作用是增进人体骨质的钙化,促使牙齿、骨骼正常发育。人体缺乏维生素 D 时,儿童会出现佝偻病,成人会患软骨病、齿质生长不良。含维生素 D 的食物有鱼肝油、蛋黄、动物肝、牛奶等。

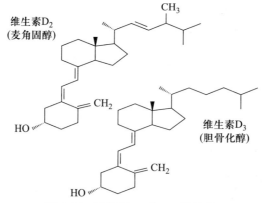

图 4-16 维生素 D_2 和 D_3 的结构

5. 维生素 E

维生素 E 是生育酚类物质的总称。生育酚主要有 4 种衍生物,按甲基位置分为 α、β、γ 和 δ。最重要的是 α-生育酚,其结构如图 4-17 所示。

在 α-生育酚水解后生成的 α-生育氢醌分子中,有两个酚羟基,因而易被氧化,其机制为:

维生素 E 性质稳定,在光照下遇空气易被氧化而呈暗红色,是食用油脂最理想的抗氧化剂。在人体内,维生素 E 也有抗氧化作用,有抗衰老的效果。也能辅助维持正常的生殖功能,缺乏维生素 E 会出现不孕、早产和肌肉萎缩、疼痛等症状。含维生素 E 的食物有各种植物油、花生、莴苣、蛋黄、牛奶等。

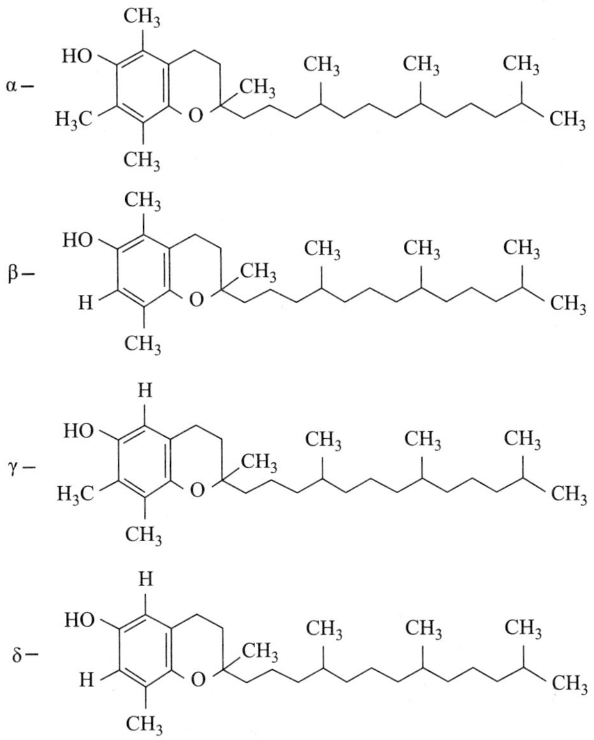

图 4-17 维生素 E 的结构

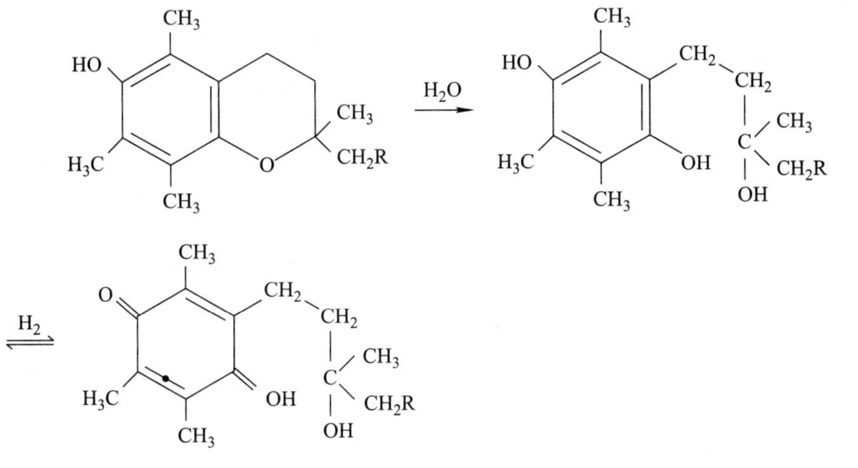

6. 维生素 K

维生素 K 也称凝血维生素，具有叶绿醌生物活性。包括 K_1、K_2、K_3、K_4 等几种形式，其中 K_1、K_2 是天然存在的，属于脂溶性维生素；而 K_3、K_4 是人工合成的，是水溶性维生素。4 种维生素 K 的化学性质都较稳定，耐酸、耐热，正常烹调中只有很少损失，但对光敏感，也易被碱和紫外线分解。维生素 K 是人体肝脏制造凝血物质所必需的。如果人体缺乏维生素 K，凝血时间会延长并容易产生皮下出血。含这种维生素的食物有卷心菜、菠菜、番茄和其他绿叶蔬菜。

维生素K_1

维生素K_3

维生素K_2

维生素K_4

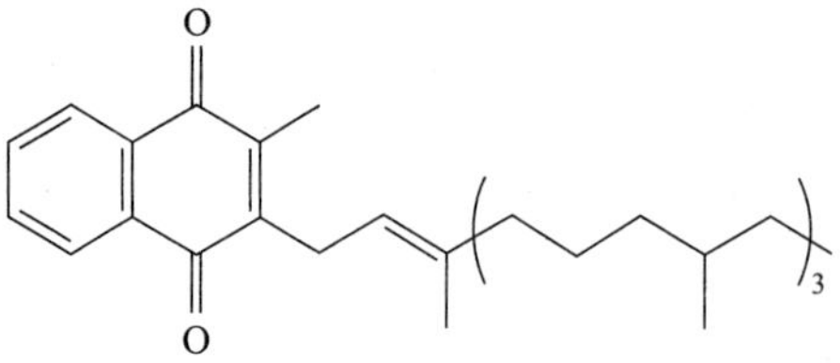

图 4-18　维生素 K 的结构

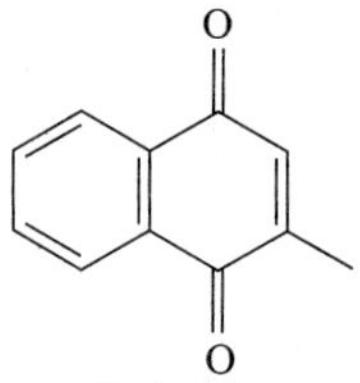

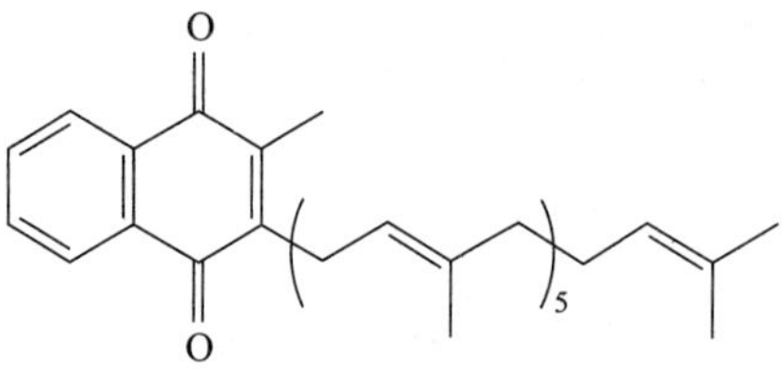

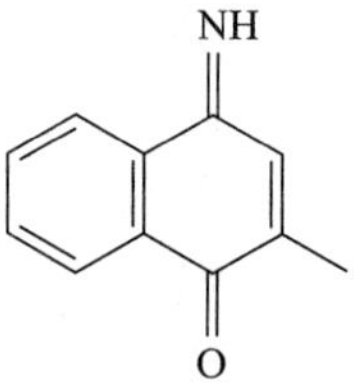

7. 维生素 P

维生素 C 治疗坏血病时，必须有生物类黄酮的存在，维生素 P 就是最重要的一种黄酮苷。维生素 P 也称芦丁，具有抗自由基作用，抗脂质过氧化作用等功能缺乏维生素 P 会产生皮下出血、鼻出血及其他微血管出血的症状。含维生素 P 的食物有柠檬、橘子等。

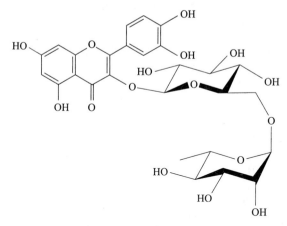

图 4-19　维生素 P 的结构

第五章 常用能源中的化学

能源、材料和信息被称为人类社会发展的三大支柱。其中,能源是指一切可以为人类提供能量的资源。能源的种类繁多,在自然界中,可直接利用其能量的能源,称为一次性能源,如煤、石油、天然气、太阳能、生物质能等;人类利用一次性能源加工转化而得到的能源,称为二次性能源,如电能、氢能、石油制品(包括汽油,煤油,柴油)等。

煤、石油和天然气等能源是古代生物遗体在地层中沉积变化而得到的,称为化石能源。随着人们的不断开发利用,它们剩余的蕴藏量越来越少,迟早会枯竭,是不可再生能源。太阳辐射到地球的能量称为太阳能,它一方面直接提供人类可利用的热能和光能,另一方面,通过植物光合作用形成柴草等生物能,此外还有大气流动出现的风能、水能和海浪潮汐能等可利用的能量。在人类未来生存的漫长年代,太阳能、风能、水能和潮汐能都不会枯竭,是可再生能源。地球地热以及可用作能源的矿产资源也是重要的能源。现在的核电站所用的铀和钍等核裂变产生的能源属于不可再生能源;核聚变研究所用的氘和氚等材料则储量丰富,用之不尽。

能源是发展工农业生产和提高人民生活水平的重要物质基础。能源的分类情况如表 5-1 所示。

表 5-1 能源的分类

依 据	类 别	定 义	主要能源
利用状况	常规能源	已经被利用多年,目前还在大规模利用的能源	煤、石油、天然气、水能、风能
	新能源	现今才开始被人类利用,或过去已有利用,现在又有新的利用方式的能源	核能、地热、海洋能、太阳能等
能源转换	一次能源	自然界直接取得的天然能源	煤、石油、水能
	二次能源	将一次能源加工转换成另一种形式的能源	汽油、焦炭、蒸汽、电力、煤气
性质	可再生	使用后仍可再生或更新的能源	水能、生物能、太阳能、风能等
	不可再生	开采消耗后无法恢复的能源	煤、石油、天然气

化学与能源的关系十分密切。通过开发恰当的化学技术,可以提高开采能源的数量,延长不可再生能源枯竭到来的时间;可以提高能源加工、炼制的水平,获得高质量的产品和利用效率;可以开发经济实用的可再生新能源,满足社会可持续发展的需要;可以减少废气、废渣的排放,减轻对环境的污染。

5.1 工业的血液——石油

石油俗称"工业的血液",是当今世界的主要能源。石油又称原油,是从地下深处开采的棕黑色可燃黏稠液体,它是古代海洋或湖泊中的生物经过漫长的演化形成的。

研究表明,石油的生成至少需要 200 万年的时间,在现今已发现的油藏中,时间最老的可达 5 亿年之久。在地球不断演化的漫长历史过程中,有一些"特殊"时期,如古生代和中生代,大量植物和动物死亡后,构成其身体的有机物质不断分解,与泥沙或碳酸质沉淀物等物质混合组成沉积层。由于沉积物不断地堆积加厚,导致温度和压力上升,随着这种过程的不断进行,沉积层变为沉积岩,进而形成沉积盆地,这就为石油的生成提供了基本的地质环境。经过几百万年的演变,形成了可供开采的石油。

石油在世界上的分布很不均匀,世界石油资源主要分布在中东、拉丁美洲、北美洲、非洲、欧亚大陆、亚太地区。中东的沙特阿拉伯、伊朗、科威特、伊拉克和阿拉伯联合酋长国是世界首要的石油产地和输出地区。截至 2022 年,全球石油估算探明储量约为 2444 亿吨,相当于长江年径流量的 1/4。1900 年世界石油的开采量为 2000 万吨,1950 年达 5 亿吨。1966 年石油首次超过煤炭,成为世界第一大能源,占能源总消耗量的 54%。2000 年石油开采量达 35.5 亿吨,2009 年达 38.8 亿吨。

我国在 1948 年生产石油不足 10 万吨,20 世纪 60 年代初发现了大庆油田,1963 年发现了山东胜利油田,1964 年发现了天津大港油田。1978 年,我国石油产量突破 1 亿吨,1995 年达 1.5 亿吨,2009 年达 1.9 亿吨,2022 年达 2.05 亿吨,占世界石油产量(近 46 亿吨)的 4.5%。我国经济不断发展,但国内石油储量不丰,产量增加不多,消耗量大,进口数量将增加。

5.1.1 石油的基本组成

世界各地所产的石油成分不尽相同,但无论何种原油或石油产品,其主要成分都是碳、氢两种元素,同时含少量硫、氮、氧等。一般情况下,碳占 83%~87%,氢占 11%~14%,其余含量较多的元素包括硫 0.06%~0.8%、氮 0.02%~1.7%、氧 0.08%~1.82% 及其他微量金属元素(镍、钒、铁等)。石油主要是各种烷烃、环烷烃、芳香烃和不饱和烃等的混合物。其特点为烃类化合物以直链为主,含氢量高,含氧量低。

1. 烷烃

烷烃是石油的重要组分。分子结构中碳原子之间均以单键相互结合,每个碳原子余下的共价键都与氢原子相结合,这种烃称为烷烃。"烷"与"完"同音,表示碳原子上没有空闲着的化合价,都被氢原子占据或饱和了,因此烷烃也称为饱和烃,其分子通式为 C_nH_{2n+2}。

烷烃是分子中碳原子的数目为序进行命名的,碳原子数为 1~10 的分别用甲、乙、丙、丁、戊、己、庚、辛、壬、癸表示;10 以上则直接用中文数字表示。例如,只含一个碳原子的称为甲烷,含有十六个碳原子的称为十六烷。这样,就组成了为数众多的烷烃同系物。

烷烃按其结构的不同,又可分为正构烷烃与异构烷烃两类:烷烃分子主碳链上没有支碳链的称为正构烷烃,有支链结构的称为异构烷烃。在常温下,甲烷至丁烷的正构烷烃呈气态,戊烷至

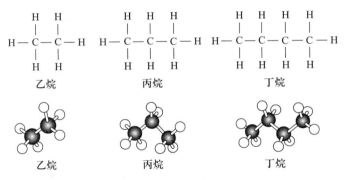

图 5-1 几种烷烃的结构

十五烷的正构烷烃呈液态,十六烷以上的正构烷烃呈蜡状固态,这也是石蜡的主要成分。

烷烃是一种饱和烃,故在常温下,其化学稳定性较好,但不如芳香烃。在一定的高温条件下,烷烃容易分解并生成醇、醛、酮、醚、羧酸等一系列氧化产物。烷烃的密度最小,黏温性最好,是燃料与润滑油的良好组分。

正构烷烃与异构烷烃虽然分子式相同,但由于分子结构不同,性质也有所不同。异构烷烃和与其碳原子数相同的正构烷烃相比,沸点更低,且随着异构化的增加而沸点降低。另外,异构烷烃比正构烷烃黏度大,黏温性差。正构烷烃的碳原子呈直链排列,易产生氧化反应,即发火性能好,它是压燃式内燃机燃料的良好组分。但正构烷烃的含量也不能过多,否则就会导致凝点高,低温流动性差。异构烷烃结构较紧凑,性质稳定,虽然发火性能差,但燃烧时不易产生过氧化物,即不易引起混合气爆燃。

2. 环烷烃

环烷烃的化学结构与直链烷烃有相同之处,分子中的碳原子之间均以一价相互结合,其余碳价均与氢原子结合。碳原子相互连接,形成环状,故称为环烷烃。由于环烷烃分子中所有碳价都已饱和,因而它也是饱和烃。环烷烃的分子通式为 C_nH_{2n}。

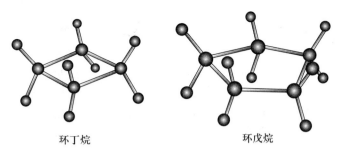

图 5-2 环丁烷和环戊烷的结构

环烷烃具有良好的化学稳定性,与烷烃相似,但不如芳香烃稳定。其密度较大,自燃点较高。它的燃烧性较好,凝点低,润滑性好,故也是汽油和润滑油的良好组分。环烷烃有单环烷烃与多环烷烃之分。润滑油中含单环烷烃多则黏温性能好,含多环烷烃多则黏温性能差。

3. 芳香烃

芳香烃是一种包含碳原子环状联结结构的不饱和烃,分子通式有 C_nH_{2n-6} 等。它最初是由天然树脂、树胶或香精油中提炼出来的,具有芳香气味,所以人们把这类化合物称为芳香烃,但芳香烃并不都有芳香味。

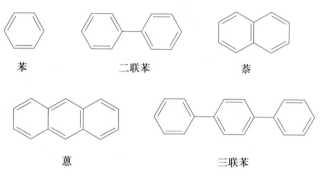

图 5-3　几种芳香烃的结构

芳香烃化学性质稳定,与烷烃、环烷烃相比,其密度大,自燃点高,是汽油的良好组分。此外,芳香烃对有机物具有良好的溶解力,故某些溶剂油中需要适当的含量。但因其毒性较大,含量应予控制。

4. 不饱和烃

不饱和烃在石油中含量极少,主要是在二次加工过程中产生的。热裂化产品中含有较多的不饱和烃,主要是烯烃,也有少量二烯烃,但没有炔烃。

烯烃的分子结构与烷烃相似,即呈直链或直链上带支链。但烯烃的碳原子间有碳碳双键,分子通式有 C_nH_{2n} 等。类似的,分子间有两个碳碳双键的可称为二烯烃。烯烃的化学安定性差,易氧化生成胶质,凝点较低,掺合产品均不宜长期储存。

5.1.2　石油的分馏

石油是组成复杂的混合物,将它直接作为燃料来使用是不合适的,也是不合理的。如何将这个复杂的混合物先分离,然后分别使用,以达到物尽其用的目的,这是化学家们需要思考的问题。混合物的分离可以利用加热的方法,将混合物中各种成分蒸发为气体,再利用各种物质沸点不同而加以分开,这样的分离方法称为石油的分馏。常压分馏塔装置示意如图 5-4 所示。

先将原料油加热至 400～500℃,使其变成蒸气后输进分馏塔。在分馏塔中,那些本来在常温常压下是气态的组分立刻挥发出来,上升到塔的顶部。分馏塔位置愈高,温度愈低,因此石油蒸气在上升途中会逐步液化,冷却并凝结成液体馏分。此时塔的底部上升的热蒸气又会将热量传递给这些液滴,使其再蒸发变为气态。塔底不断加热,塔中不断地进行着热交换。分子较小、沸点较低的气态馏分会慢慢地沿塔上升,在塔的高层凝结,称为轻油,例如石油气、溶剂油(石脑油)、汽油、煤油等。分子较大、沸点较高的液态馏分在塔底凝结,称为重油,例如柴油、润滑油及

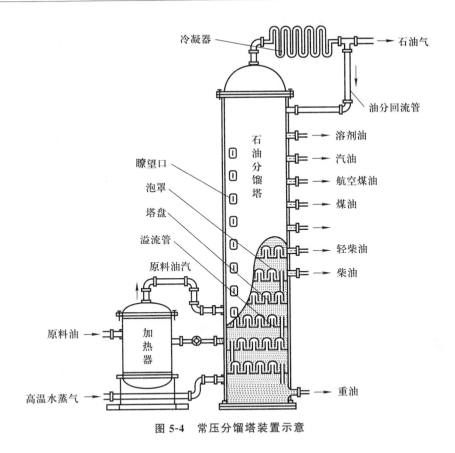

图 5-4 常压分馏塔装置示意

蜡等。在塔底留下的黏滞残余物为沥青及重油。不同馏分在各层被收集起来,经过导管输离分馏塔。这些分馏产物便是石油化学原料,可再制成许多化学品。这一过程属于物理变化,对石油进行分离,即可满足人们生活的大部分需要。

表 5-2 石油常压分馏产品

产 品	石油气	溶剂油	汽油	煤油	柴油
碳原子数	C1～C4	C5～C7	C6～C11	C10～C16	C14～C18
沸 程	<40 ℃	40～95 ℃	80～200 ℃	145～245 ℃	200～365 ℃

从上述数据中,我们可以得到以下结论:① 从常压分馏塔中分离得到的产品大部分是人类生活中不可或缺的液体燃料;② 分馏得到的各种产品仍然是混合物,因此,它们的沸点是一个范围,称为"沸程";③ 产品之间的碳原子数或沸程范围是交叉的。

我们注意到,温度升高到 365 ℃ 时,所得馏分的碳原子数只有 18,也就是说,在塔底还有很多碳链长度大于 18 的组分。如果在常压下分馏,重油在这么高的温度下会裂解成轻油。在降低压力的条件下加热重油,即进行减压分馏,则重油能在较低温度下沸腾,蒸发成气体,从而达到从重油中分离出各种变压器油馏分、轻质润滑油馏分、中质润滑油馏分和重质润滑油馏分的目的。

在减压蒸馏塔中残留的油料,经丙烷脱沥青、脱蜡和精制后得到残留润滑油,可作为航空机油、汽缸油等。如果将两种馏分润滑油按不同比例调和,可生产各种不同规格的润滑油。

表 5-3　石油减压分馏产品

产　品	润滑气	凡士林	石蜡	沥青
碳原子数	C16～C20	液固态烃混合物	C20～C30	C30～C40

5.1.3　汽油的辛烷值

汽油是石油分馏出的轻组分的一种,是 C6～C11 的混合物。由于各个油田的原油成分不一样,各个分馏塔分离出来的馏分也不完全一样,因此各地生产的汽油有很大的差别,其质量也会有所不同。

汽油主要用于内燃机,内燃机在运转时要经过进气、压缩、点火(做功)和排气 4 个冲程。其中,点火这一过程必须在气缸的活塞把汽油蒸气压缩到气缸另一端的低处时才能进行。同时,所有的机械也与之协调动作。然而,有些时候会产生所谓的爆震现象:汽油蒸气在活塞只压到一半时就自己点火,把本来应该继续向前的活塞硬推了回去,造成了机械装置的严重不协调。此时汽车的发动机产生震动,发出猛烈的金属撞击声,同时,一部分原料因不完全燃烧而排出黑烟。

产生爆震现象的直接原因是过氧化物的出现。自燃点低的烃类化合物在气缸的温度下,极易形成烃类化合物的过氧化物,而这种过氧化物会分解出自由基,从而引发爆震。因此,自燃点低的组分越多,越容易发生爆震现象,也可以说汽油的质量越差。

一般情况下,直链烃自燃点小于支链烃,环烷烃小于芳香烃。也就是说,汽油中直链烃多,质量相对较差;支链烃或芳香烃多,质量相对较好。

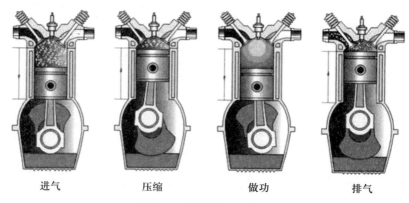

图 5-5　内燃机工作过程

所以,汽油的使用性能主要包括抗爆性和安定性。抗爆性是指汽油在汽车发动机的气缸中燃烧时抵抗爆炸的能力,可用辛烷值度量。汽油的辛烷值越高,其抗爆性越好。汽油的安定性是指汽油在常温和液相条件下抵抗氧化的能力。安定性不好的汽油,在储存和运输过程中容易发生氧化和聚合反应,生成酸性物质和胶状物,致使汽油的颜色变深,辛烷值降低。

什么是辛烷值呢？这是一个人为设定的数值，以自燃点低的正庚烷(223℃)的辛烷值为0，以自燃点高的异辛烷(418℃)为100，将这两种物质配制而成的混合液作为标准燃料。将被测汽油与标准燃料同时放在一台机器上进行试验，若被测汽油与某一个标准燃料的抗爆性能一样，则该汽油的辛烷值即为该标准燃料中异辛烷的体积百分数。例如，汽油样品的抗爆性能与由70%异辛烷和30%正庚烷组成的标准燃料相当，则该汽油的辛烷值为70。对于辛烷值大于100的汽油，常采用异辛烷(加四乙基铅)作为标准燃料。例如，辛烷值为102的汽油，表示该汽油的抗爆性能相当于在异辛烷中加2 mL的四乙基铅。

市场上出售的汽油，其汽油标号就是辛烷值。如92号汽油，它的辛烷值就是92。汽油的标号越大，表示汽车的抗爆性能越好，其质量也越高，发动机就可以用更高的压缩比，运行也更稳定。过去，我国常见的汽油标号为90号、93号、97号，后来进行了调整，现在常用的汽油标号为89号、92号、95号。如果炼油厂生产的汽油的辛烷值不断提高，汽车制造厂就可以提高发动机的压缩比，这样既可提高发动机功率，增加行车里程数，又可节约燃料，对提高汽油的动力经济性能有重要意义。

5.1.4 提高汽油辛烷值的方法

通常，由常压分馏塔产出的汽油(直馏汽油)的辛烷值在55左右。显然这种汽油的抗爆性能是很差的，因此必须采取措施以提高汽油的辛烷值。那么，如何提高汽油的辛烷值呢？

1. 重整

首先，如果汽油中自燃点低的组分较多，要提高辛烷值就必须从改变汽油的组分入手，也就是如何使自燃点低的烃类减少或使自燃点高的组分增加。可以采用化学方法使直链烃变为支链烃、环烷烃或芳香烃，这种方法称为"重整"。

(1) 催化重整油

催化重整以直馏汽油或低辛烷值汽油为原料，采用铂-铼催化剂或多金属催化剂，生产高辛烷值汽油或芳香烃。铂-铼催化剂主要通过多产出芳香烃提高汽油辛烷值，铂-锡催化剂主要通过异构化反应提高辛烷值。在金属负载量相同的条件下，铂-锡催化剂的活性低于铂-铼催化剂，

$$CH_3CH_2CH_2CH_2CH_3 \longrightarrow CH_3CHCH_3 \atop {\overset{CH_3}{|}} \; {\overset{|}{CH_3}}$$

$$CH_3CH_2CH_2CH_2CH_3 \longrightarrow C_6H_6$$

$$CH_3CH_2CH_2CH_2CH_2CH_3 \longrightarrow CH_3CH_2CH_3 + CH_3CHCH_3 \;(\text{with } CH_3)$$

但选择性和稳定性优于铂-铼催化剂,更适于连续重整装置。

(2) 烷基化油

烷基化油是由异构烷烃组成的混合烷烃,其中异辛烷为主要成分。烷基化油以异丁烷和轻质烯烃(如丙烯、丁烯和异丁烯等)为原料,通过烷基化反应生产。烷基化油不含芳香烃组分,也不含有烯烃和硫,辛烷值高,蒸气气压低,是理想的汽油调和组分。在相当长的一段时间里,工业上烷基化反应所用的催化剂是 H_2SO_4 和 HF,催化反应所得产品性能稳定。然而,HF 是剧毒品,H_2SO_4 催化工艺会产生大量的废酸,污染环境。因此,开发无毒无害的固体酸催化剂来代替 H_2SO_4 和 HF 已经引起了广大研究者的兴趣和关注。目前,已经投入研究的固体酸催化剂有卤化锆-氧化铝、五氟化锑、负载在 SiO_2 载体上的 CF_3HSO_3 等。

$$CH_3-\underset{\underset{CH_3}{|}}{CH}-CH_3 + CH_2=\underset{\underset{CH_3}{|}}{C}-CH_3 \xrightarrow{催化剂} CH_3-\underset{\underset{CH_3}{|}}{\overset{\overset{CH_3}{|}}{C}}-CH_2-\underset{\underset{CH_3}{|}}{CH}-CH_3$$

(3) 异构化油

轻质烷烃异构化是生产高辛烷值汽油组分的重要工艺,该工艺以辛烷值较低的轻质正构烷烃为原料,通过异构化反应来生产异构化油。异构化油的主要组分为高辛烷值的异构烷烃,因为与直链烷烃相比,异构烷烃的辛烷值更高。用于生产异构化油的主要工艺有 C5 和 C6 烷烃异构化工艺。异构化油平均沸点低,可提高汽油前端辛烷值,有利于改善发动机的起动性能。

2. 加入添加剂

(1) 添加四乙基铅

过氧化物是导致爆震的关键物质,如何将气缸内的过氧化物除去,是解决问题的关键。人们发现,如果向汽油中添加四乙基铅,在气缸的工作温度下,四乙基铅可以分解为氧化铅,而氧化铅可以将烃类的过氧化物分解成醛等有机含氧化合物,从而提高汽油的辛烷值,阻止了爆震现象的产生。

在直馏汽油中加入 0.13% 的四乙基铅,辛烷值可提高 20~30 个单位。但是,在车用汽油中含铅量不得超过 0.13%,高级车用汽油中不得超过 0.1%。因为四乙基铅分解得到的氧化铅是固体,留在气缸中会损坏气缸。因此,加入汽油的添加剂中,乙基铅的含量为 60%,其余为二溴乙烷等物质,因为二溴乙烷可以与氧化铅作用生成二溴化铅,二溴化铅在气缸的温度下为气态,这样就可以在排放废气时将其带出。

四乙基铅是一种带水果味的、剧毒的油状液体,排入大气中的铅可以通过呼吸道、食管等进入人体,而且很难排泄出来。当人体内的含铅量积累到约为 80 μg/100 mL(血液)时,会发生铅中毒,危及肾脏和神经。所以,国内外都已禁止使用含铅汽油。

(2) 添加芳香烃

向汽油中添加芳香烃,可显著提高汽油的辛烷值。甲苯和二甲苯的辛烷值比苯高,毒性比苯小。因此,甲苯和二甲苯作为添加剂的用量与日俱增。以 FCC 汽油重馏分为原料进行芳烃化,结果表明,和芳烃化产物原料相比,芳香烃、异构烷烃和环烷烃含量均增加,汽油的辛烷值得到提高。

(3) 添加含氧化合物

向汽油中添加高辛烷值汽油组分也可提高汽油辛烷值,但成本相对较高。相比之下,向汽油中添加辛烷值改进剂,成本低,操作简单。主要的辛烷值改进剂有含氧烃类、醚类和醇类,如甲醇、乙醇、叔丁醇、甲基叔丁基醚(MTBE)、乙基叔丁基醚(ETBE)、甲基叔戊基醚(TAME)、二异丙基醚(DIPE)、甲基环戊二烯三羰基锰(MMT)等。

3. 重油的裂化

制备裂化汽油的目的不是为了辛烷值,而是为了提高汽油的产量。众所周知,从石油中直接分馏得到的汽油只有30%左右。由于内燃机的发展,汽油的用量猛增,直馏汽油远远不能满足人们的需求。将长链的烃类化合物裂解成汽油组分的烃类化合物,是制取高质量汽油的重要途径。

美国率先采用热裂解的方法解决了这个问题。然而,烃类化合物的裂解,并不完全符合人们的想象,产物组分中常常含有较多短碳链化合物或者不饱和烃,安定性不好,易氧化。简单来说,热裂解得到的产品质量和产量都不理想,在国内外均被逐渐淘汰。

为了提高汽油组成的选择性,人们又发明了催化裂解的方法。在硅酸铝或合成沸石等催化剂的作用下,重油裂化成小分子烃,可以有选择性地多产生一些汽油组分的产品,其反应产物为$C_4 \sim C_9$的烃类。这使汽油的产量大大提高,目前,裂化汽油的产量高达汽油产量的80%左右。由于裂化的条件类似于重整的反应条件,因此,裂化汽油的组成中,自烯点高的组分多一些,辛烷值也比直馏汽油高出很多。

目前,市场上出售的汽油,是由直馏汽油、重整汽油和裂化汽油配置而成的。通常它的辛烷值在90~93之间。

5.1.5 液化石油气

液化石油气是石油化工产品之一,是指在环境温度和压力适当的情况下,能被液化或以液相储存和输送的石油气体,主要来源是石油加工过程中各种加工装置的副产品气体。由炼油厂所得的液化石油气,主要成分为丙烷、丙烯、丁烷、丁烯,同时含有少量戊烷、戊烯和微量含硫化合物杂质。目前已普遍作为民用和车用燃料。有些打火机使用的也是液化石油气,只不过是单一的丁烷,这是因为丁烷液化的压力不高,打火机就不需要做耐高压的容器。

5.2 工业的粮食——煤炭

5.2.1 煤炭的形成过程

煤炭是一种由碳、氢、氧、氮等元素组成的黑色固体可燃矿物,它是古时的有机物(主要是植物)的遗体长期埋藏在地下,处于空气不足条件下,经历复杂的生物化学作用和地质作用,逐步形成的。煤炭的形成大体可分为两个阶段,第一阶段是泥煤炭化阶段,即由植物转变成泥炭阶段。当植物枯死之后,堆积在充满水的沼泽中,开始时,水存在但氧气不足,后来在水面下隔绝空气,并在细菌的作用下,植物的各部分不断分解,相互作用,最后植物的遗体变成了褐色或黑褐色的淤泥物质，这就是泥炭。这个过程称为泥炭化过程。这个阶段需要漫长的地质历史时期，进行千百万年。第二阶段，由泥炭转变成褐煤，褐煤转变成烟煤，烟煤再转变成无烟煤阶段。当泥炭层形成后，如果有水经常冲刷大陆的低洼地方，就会带来大量的砂、石，在泥炭层逐渐形成岩层（称为顶板）。被埋在泥炭层，在泥潭层和顶板岩石层的压力作用下，发生了压紧、失水、胶体老化、硬结等一系列变化，同时其化学组成也在发生缓慢的变化，逐步变成密度较大、较致密的黑褐色的褐煤。当顶板逐渐加厚，顶板的静压力逐渐增高，煤层中温度也逐渐升高后，煤质便发生变化，逐渐由成岩作用变成了以温度影响为主的变质作用。这样褐煤逐渐变成了烟煤、无烟煤。如果有更高的温度，最终还可能变成石墨。

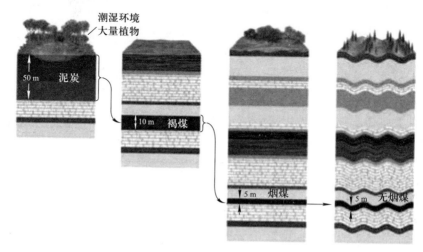

图 5-6　煤炭的形成过程

5.2.2　煤炭的化学组成

煤中的有机质是复杂的高分子有机化合物，主要由碳、氢、氧、氮、硫和磷等元素组成，其中，碳、氢、氧三者总和约占有机质的 95% 以上。煤中的无机质也含有少量的碳、氢、氧、硫等元素。碳是煤中最重要的组分，其含量随煤化程度的加深而增高。泥炭中碳含量为 50%~60%，褐煤为 60%~70%，烟煤为 74%~92%，无烟煤为 90%~98%。煤中硫是最有害的化学成分。煤燃烧时，其中的硫生成 SO_2，会腐蚀金属设备、污染环境。根据煤中硫的含量可将煤分为 5 级：高硫煤，硫含量大于 4%；富硫煤，2.5%~4%；中硫煤，1.5%~2.5%；低硫煤，1.0%~1.5%；特低硫煤，小于或等于 1%。

5.2.3　煤炭的分布

煤炭资源是指自然界赋存的已查明和推定的富集煤炭的资源。这些资源已被证明在经济上有开采价值，或在可预见的时期内有经济价值。

世界上的煤炭资源主要分布在北半球，以亚洲和北美洲最为丰富，分别占全球地质储量的 58% 和 30%，欧洲占 8%。2020 年底已探明的煤炭可开采储量在全球位于前 10 位的国家如表 5-4 所示，其储量总和占世界总储量的 90.6%。

表 5-4　世界前 10 位煤炭储藏国煤炭储量

国家	无烟煤＋烟煤/亿吨	次烟煤＋褐煤/亿吨	总计/亿吨	占世界比例/(%)	储采比/年
美国	2189.38	300.03	2489.41	23.2	—
俄罗斯	717.19	904.47	1621.66	15.1	407
澳大利亚	737.19	765.08	1502.27	14.0	315
中国	1350.69	81.28	1431.97	13.3	37
印度	1059.79	50.73	1110.52	10.3	147
德国	—	359.00	359.00	3.3	334
印度尼西亚	234.41	117.28	348.69	3.2	62
乌克兰	320.39	23.36	343.75	3.2	—
波兰	225.30	58.65	283.95	2.6	282
哈萨克斯坦	256.05	—	256.05	2.4	226

煤炭产量和消费量最大的地区为亚太地区，分别占全球总量的 77.5% 和 79.9%。2020 年世界前六大煤炭生产国所占世界份额分别为中国 50.7%、印度尼西亚 8.7%、印度 7.9%、澳大利亚 7.8%、美国 6.7% 和俄罗斯 5.2%；前六大煤炭消费国煤炭消耗量所占世界份额分别为中国 54.3%、印度 11.6%、美国 6.1%、日本 3.0%、南非 2.3%、俄罗斯 2.2%。

有人曾说，煤炭可开采 190 年以上，也有人估计煤炭储量可维持 500 年。但是，煤矿的露天开采要占用大片土地，而且破坏土地资源和周围环境，煤炭的燃烧会产生氮氧化物、二氧化碳等，造成大气污染。尽管燃煤的热值低于油气，运输不便，造成污染，但煤炭具有储藏量巨大、价格低廉的优点，因而煤炭在能源结构中具有与油气的竞争能力。人们应该科学合理地对煤炭进行综合利用。

5.2.4　煤炭的综合利用

1. 燃烧

煤炭作为一种燃料，早在 800 年前就已经开始被人们利用。人们将煤炭直接燃烧，把化学能转换成热能，这是煤炭使用最早、应用最广的一种能源转换技术。煤炭中对燃烧有影响的主要因素是挥发分、含碳量、水分和灰分。挥发分影响煤炭着火的难易，含碳量与发热量有关。按这些成分的含量，可将煤炭分为三类：无烟煤（含碳量 88%）、烟煤（含碳量 60%）和褐煤（含碳量 22%）。

煤炭的燃烧过程，一般经历四个阶段：① 水分蒸发，当温度达到 100℃左右时，水分全部被蒸发，这个阶段煤是不发热的，而是大量吸热。② 煤不断吸收热量后，温度继续上升，挥发分随之析出，当温度达到着火点时，挥发分开始燃烧，这个温度就是煤的着火温度。③ 煤中的挥发分着火燃烧后，余下的炭和灰组成的固体物便是焦炭，焦炭燃烧需要大量的氧气，以便释放出大量的热能，而大部分的烟气生成物就是在这个阶段产生的。④ 燃尽阶段，此时焦炭温度上升很快，剧烈燃烧,放出大量的热。

煤炭的燃烧被广泛应用到工业生产中,给社会带来了前所未有的巨大生产力,推动了工业的向前发展。人们随之发展起钢铁、化工、采矿、冶金等工业。煤炭热量高,标准煤的发热量为 29 271 kJ/kg。而且煤炭在地球上的储量丰富、分布广泛,一般也比较容易开采,因而被广泛用作工业和民用燃料。

2. 煤的干馏

既然煤和石油一样也是混合物,就应该将其进行分离后再使用。同样是以加热的方式来处理,只不过煤是固体,所以这种方法称为干馏。将煤在隔绝空气的情况下进行加热,随着温度的升高,煤会发生一系列的变化(表 5-5)。

当煤的温度高于 100 ℃ 时,煤中的自由水分蒸发;温度升高到 200 ℃ 以上时,煤释放化合水和二氧化碳;高达 350 ℃ 以上时,煤开始分解,变软,并释放出煤气和煤焦油;至 400～500 ℃,大部分煤气和煤焦油析出;在 450～550 ℃,热分解继续进行,残留物逐渐变稠并固化形成半焦;高于 550 ℃,半焦继续分解,析出余下的挥发物(主要成分是氢气),半焦失重同时进行收缩,形成裂纹;温度高于 800 ℃,半焦体积缩小,变硬,形成多孔焦炭。

表 5-5　煤加热过程中的变化

温度/℃	变　化
100 以上	自由水被蒸发
200 以上	释放出化合水和二氧化碳
350 以上	开始分解,煤变软并释放出煤气和煤焦油
400～450	大多数煤焦油被释放
450～550	继续分解
550 以上	固体已成焦炭,尚有气体释放
900 以上	只剩下焦炭

由表 5-5 可见,煤的干馏可以得到三种形态的产物:

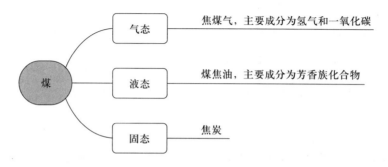

煤的干馏分为高温干馏和低温干馏两种。低温干馏的最终温度仅为 700 ℃,固体产物为结构疏松的黑色半焦,煤气产率低,焦油产率高。最终温度为 900～1200 ℃ 的称为高温干馏,固体

产物为结构致密的银灰色焦炭,煤气产率高,焦油产率低。煤干馏过程中生成的煤气主要成分为氢气和甲烷,可作为燃料或化工原料。低温干馏煤焦油比起高温焦油,含有更多烷烃,是人造石油的重要来源之一。高温干馏主要用于生产冶金焦炭,所得的焦油为芳香烃、杂环化合物的混合物,是工业上获得芳香烃的重要来源,可以获得的芳香族化合物有苯、甲苯、二甲苯、苯酚、萘等。

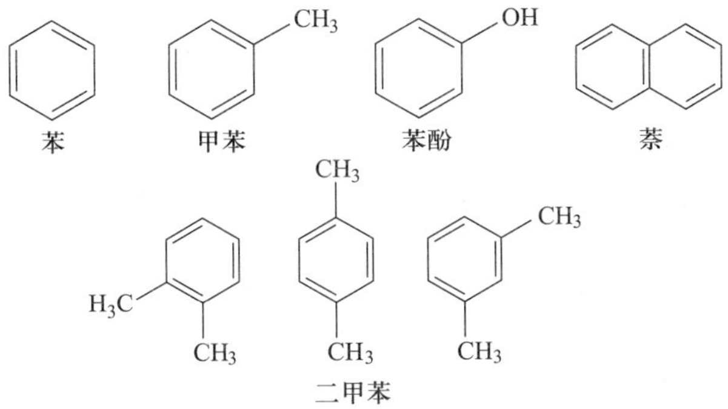

为什么煤中会有这么多的芳香族化合物呢?这和煤的结构有关,近代研究表明,煤的结构模型如图 5-7 所示。

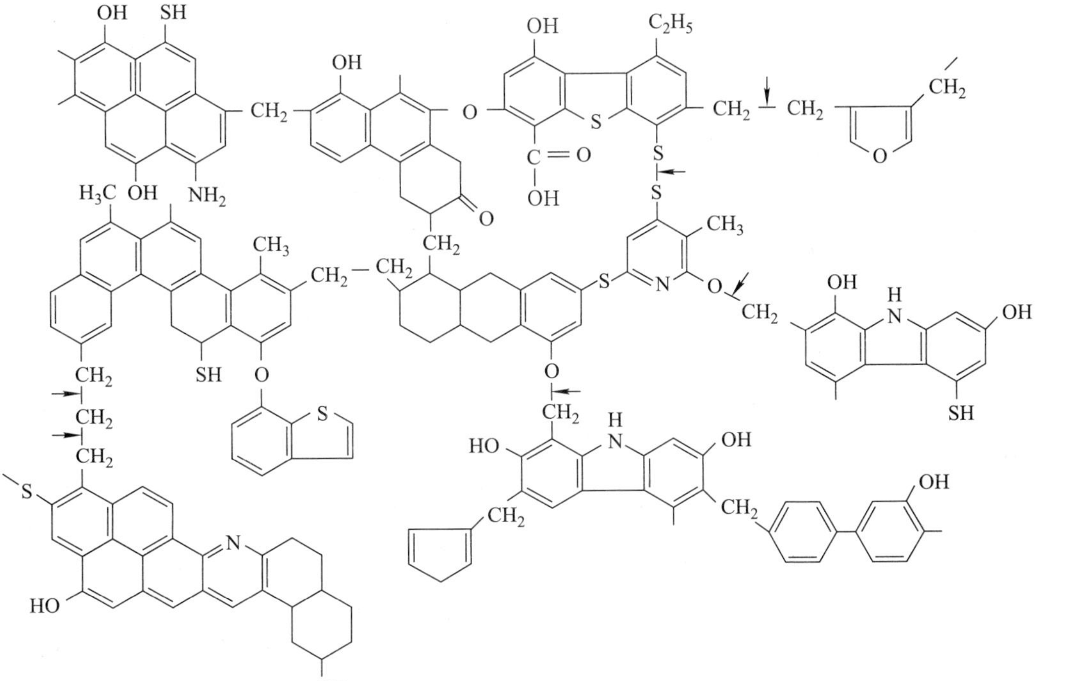

图 5-7 煤的结构模型

3. 煤的气化

煤作为燃料有两个主要缺点:其一是容易弄脏周围,难以处理;其二是含硫,燃烧引起污染。

故此,人们就将煤加工气化,使其转变成干净而又方便运输的燃料。

煤的气化是指在氧气不足的情况下,把煤中的有机物部分氧化为可燃气体的过程。煤和有限的空气和水蒸气反应,得到一种气态混合物,称为半煤气。

$$H_2O(g)+3C(s)+O_2 =\!\!=\!\!= 3CO(g)+H_2(g)+89.75 \text{ kJ/mol}$$

由于半煤气中含有大量 N_2(50%左右),热值较低(用于合成氨),它的热含量只有甲烷的 1/6。但如果将煤在高温时与水蒸气反应,即可制得水煤气,可以得到不含氮的一氧化碳和氢气的混合物,称为合成气或煤气;这种气体因不含氮气,燃烧热比半煤气高 1 倍:

$$H_2O(g)+C(s)=\!\!=\!\!= CO(g)+H_2(g)-129.7 \text{ kJ/mol}$$

煤气是一种中热值混合气,它可短距离输送,用作居民用煤气,也可用于合成氨、甲烷等工业化用途。

4. 煤炭的液化

煤炭的液化是当前煤化工的热点。煤炭液化是把固态的煤炭进行化学加工,使其转化为液态产品(液态烃类燃料,如汽油、柴油等产品或化工原料)的技术。煤炭通过液化可将硫等有害元素以及灰分脱除,得到洁净的二次能源,对优化终端能源结构、解决石油短缺、减少环境污染具有重要的战略意义。但是,煤炭的液化对煤质有一定的要求,不是所有煤炭都可以进行液化的。煤炭的液化分为直接液化和间接液化。这两种液化方法对煤炭质量的要求各不相同。

(1) 煤直接液化。在氢气和催化剂作用下,煤炭加氢裂化转变为液体燃料的过程称为煤炭直接液化。裂化是一种使烃类分子分裂为几个较小分子的反应过程。因煤炭直接液化过程主要采用加氢手段,故又称煤炭的加氢液化法。

(2) 煤炭的间接液化。以煤炭为原料,先气化制成合成气,然后通过催化剂作用将合成气转化成烃类燃料、醇类燃料和化学品。

5.3 天然气

天然气是指动、植物遗体通过生物、化学及地质变化作用,在不同条件下生成、转移,并在一定压力下储集,且埋藏在深度不同的地层中的优质可燃气体。其主要成分是饱和烃,以甲烷为主,少量乙烷、丙烷、丁烷、戊烷,以及少量非烃类气体,如一氧化碳、二氧化碳、氮气、氢气、硫化氢、水蒸气及微量的惰性气体氦气、氩气等。天然气的存在形式有 4 种:从气田开采的气田气(纯天然气);伴随石油一起开采出来的石油气(油层气);从井下煤层抽出的矿井气,也称为煤层气(瓦斯);天然气水合物(可燃冰)。

目前人们正在研究探索天然气水合物的开采。沉积在海底大陆架上的天然气水合物资源极为丰富,根据估计其蕴藏量约为 18 000 000 亿 m^3,是纯天然气和油层气的可采储量的 100 倍。我国于 2017 年第一次试采成功,总产气量达 21 万 m^3,平均日产 7000 m^3;2020 年第二轮天然气水合物试采取得成功,标志着我国成为全球首个采用水平井钻采技术试采海域天然气水合物的国家,实现了从探索性试采向试验性试采的重大跨越。

煤层气的数量较少,比较分散,所以通常所指的天然气储量不包括天然气水合物和煤层气这两种。

2020 年的估计结果显示,世界天然气的探明储量为 1 881 000 亿 m³,每 1 m³ 天然气发热量大约和 1 kg 石油的发热量同一数量级。按此估算,天然气和石油在目前开采技术条件下的可采储量大致相同。2020 年,全世界天然气产量 40 000 亿 m³,我国为 1940 亿 m³,占世界产量约 5%。世界各地天然气储量如图 5-8 所示。

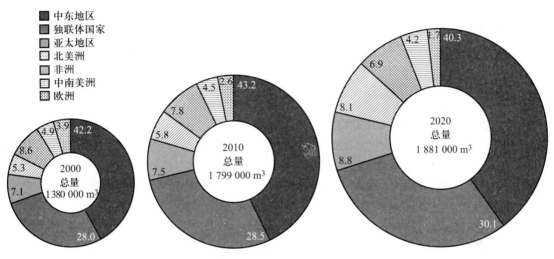

图 5-8　世界各地天然气储量

如表 5-6 所示,天然气资源主要集中在 3 个国家:俄罗斯,储量为 19.9%;伊朗,17.1%;卡塔尔,13.1%。他们拥有全世界接近一半的天然气储量。

天然气的主要成分是甲烷(CH_4),它含氢量高,作为化石燃料对环境的污染最小,是一种清洁能源,能减少近 100% 的二氧化硫和粉尘排放量,二氧化碳排放量减少 60%,氮氧化合物排放量减少 50%,并有助于减少酸雨,舒缓地球温室效应,从根本上改善环境质量。天然气也是较为安全的燃气之一,它不含一氧化碳,也比空气轻,一旦泄漏,立即向上扩散,不易积聚形成爆炸性气体,安全性较高。采用天然气作为能源,还能减少煤和石油的用量。

表 5-6　2020 年世界天然气探明储量国家排名　　　　　　　　　　(单位:10 000 亿 m³)

排序	国家或区域	2020 年	占全球的份额/(%)
1	俄罗斯	37.39	19.9
2	伊朗	32.10	17.1
3	卡塔尔	24.67	13.1
4	土库曼斯坦	13.60	7.2
5	美国	12.62	6.7
6	中国	8.40	4.5
7	委内瑞拉	6.26	3.3
8	沙特阿拉伯	6.02	3.2

(单位：10000亿m³)　续表

排序	国家或区域	2020年	占全球的份额/(%)
9	阿拉伯联合酋长国	5.94	3.2
10	尼日利亚	5.47	2.9

5.4　太阳能

太阳是太阳系的中心天体，是距离地球最近的一颗恒星，它的质量是地球质量的33万倍，占整个太阳系质量的99.86%。太阳质量的大约3/4是氢，剩下的几乎都是氦。太阳核心温度达1500万摄氏度，压力超过地球大气压的340亿倍，是一个核聚变的熔炉，不断地进行着核聚变反应，即由4个氢核聚变成1个氦核，向太空释放光和热。这些能量大约有22亿分之一到达地球，每秒到达地球的辐射能相当于500万吨煤燃烧放出的化学能。

太阳能既是一次性能源，又是可再生能源。它资源丰富，既可免费使用，又无须运输，对环境无任何污染。太阳能将使人类社会进入一个节约能源、减少污染的时代。

人类利用太阳能主要包括三种方式：光热转换、光电转换和光化学转换。

5.4.1　光热转换

早期最广泛的太阳能应用是通过太阳能加热水箱中的水以备利用，这是光热转换最常见的、最基本的形式。太阳能热利用的本质在于将太阳辐射能转化为热能，聚集成高温热源，用在烹饪、蓄热取暖、热风干燥、材料加工和冶金等用途，也可用铝箔或镜片制作大直径凹面半球形反射镜，将太阳能聚焦制成太阳能锅炉，用来加热、发电。太阳能集热器是组成各种太阳能热利用系统的关键部件。无论是太阳能热水器、太阳灶、主动式太阳房、太阳能温室，还是太阳能干燥、太阳能工业加热、太阳能热发电等，都以太阳能集热器作为系统的动力或者核心部件。

5.4.2　光电转换

光电转换是指将太阳能转换成电能。目前，太阳能用于发电的途径有两种。一是光—热—电转换方式，通过太阳辐射产生的热能发电，一般是由太阳能集热器将所吸收的太阳能转换成热能，再驱动汽轮机发电。前一个过程是光—热转换过程；后一个过程是热—电转换过程，与普通的火力发电一样。太阳能热发电的缺点是效率很低而成本很高，估计它的投资至少要比普通火电站贵5~10倍。一座1000 MW的太阳能热电站需要投资20亿~25亿美元，平均1 kW的投资为2000~2500美元。因此，只能小规模地应用于特殊的场合，大规模利用在经济上很不合算，还不能与普通的火电站或核电站相竞争。

另一种是光—电直接转换，利用太阳能电池的光电效应，将太阳能转换成电能。太阳能电池是根据半导体材料的光电效应制成的。目前所用的半导体主要是单晶硅，它是半导体工业和信息产业最重要的基础材料。将硅片在相邻的区域通过不同杂质的扩散或不同离子的注入，制成PN结。

PN 结是由一个 N 型半导体和一个 P 型半导体紧密接触所构成的,其接触界面称为冶金结界面。

N 型半导体(N 为 Negative 的首字母,指半导体中电子带负电荷):掺入少量杂质磷元素(或锑元素)的硅晶体(或锗晶体)中,由于半导体原子(如硅原子)被杂质原子取代,磷原子的 5 个外层电子中的 4 个与周围的半导体原子形成共价键,多出的 1 个电子几乎不受束缚,较为容易地成为自由电子。于是,N 型半导体就成为含电子浓度较高的半导体,其导电性主要是因为自由电子导电。

P 型半导体(P 为 Positive 的首字母,指半导体中空穴带正电):掺入少量杂质硼元素(或铟元素)的硅晶体(或锗晶体)中,由于半导体原子(如硅原子)被杂质原子取代,硼原子的 3 个外层电子与周围的半导体原子形成共价键的时候,会产生一个空穴,这个空穴可能吸引束缚电子来填充,使得硼原子成为带负电的离子。这样,这类半导体由于含有较高浓度的空穴(相当于正电荷),成为能够导电的物质。

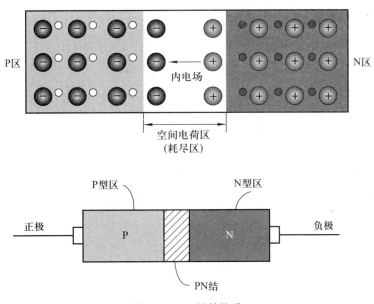

图 5-9　PN 结的构造

当太阳光照射到 PN 结时,被太阳光激发的电子在 PN 结的内建电场作用下,电子(负电)流向 N 型半导体,这相当于正电荷(正电)流向 P 型半导体,在 P 型区和 N 型区间产生电势差,在 PN 结外侧连接的电极上形成正极和负极,这就是简单的太阳能电池。将电极连接在电灯泡上,就有电流流通,电灯泡发光。太阳连续地照射,电流连续不停地流通。如果太阳下山,没有光照,也就没有电流。

太阳能发电可用于公路、隧道照明,以及飞机、汽车、轮船等交通运输上,也可用于手表、自行车、收音机、冰箱、空调、电话、路灯和太阳能建筑物照明等日常生活用电中。其发电优势在于安全,不产生废气,简单,只要在有日照的地方就可以安设装置,易于实现无人化和自动化。同时因为不包含热能转化过程,不需要旋转机和高温高压等条件,发电时不产生噪声。其不足之处是:

太阳辐射的能量分布密度小,既要占用巨大面积,且获得的能源同四季、昼夜及阴晴等天气条件有关。

5.4.3 光化学转换

光化学转换即先将太阳能转换成化学能,再转化为电能等其他能量。目前,太阳能光化学转换正在积极探索研究中。该技术主要有如下几种利用形式:① 利用太阳能电解水,适当聚集太阳光,产生2500~3000℃高温;② 直接把水分解成氢气和氧气;③ 光催化反应,利用半导体作为基础的催化体系,太阳光直接分解水;④ 建立于硫-碘循环基础上的热化学过程;⑤ "人工叶绿素"制氢气。

5.5 核能

5.5.1 概述

核能又称为原子能或原子核能,是核反应过程中原子核结构发生变化所释放的能量。核结构变化有两类:一类是重元素的核裂变,另一类是轻元素的核聚变。原子弹爆炸产生巨大威力是因为核裂变;氢弹爆炸是因为核聚变。现在全世界已建成和在建的核电站都是依靠核裂变释放的能量。核聚变释放的能量的利用,由于技术上还有困难,正在进行研究,人们盼望21世纪能实现核聚变发电站的使用。

世界上的核资源比较丰富,核燃料有铀、钍、锂、硼等。2019年探明的世界铀储量约为615万吨。地球上可供开发的核燃料资源能够提供的能量是化石燃料的十多万倍。核能是作为缓和世界能源危机的一种经济有效的资源,有许多优点:

(1) 体积小而能量大。核能比化学能大几百万倍,1000克铀释放的能量相当于2400吨标准煤释放的能量。一座100万千瓦的大型火电站,每年需要原煤300万~400万吨,运这些煤需要2760列火车,相当于每天8列火车,还要运走4000万吨灰渣。同功率的压水堆核电站,一年仅耗铀含量为3%的低浓缩铀燃料28吨,每1磅铀的成本,约为20美元,换算成1kW发电经费是0.001美元左右,这和目前的传统发电成本比较,价格十分便宜。由于核燃料的运输量小,所以核电站可以建在最需要电力的工业区附近。核电站的基本建设投资一般是同等火电站的1.5倍到2倍,不过它的核燃料费用却要比煤便宜得多,运行维修费用也比火电站少。如果掌握了核聚变反应技术,使用海水作燃料,燃料更是取之不尽,用之方便。

(2) 污染少。火电站不断地向大气里排放二氧化硫和氮氧化物等有害物质,同时煤里的少量铀、钍和镭等放射性物质,也会随着烟尘飘落到火电站的周围,污染环境。而核电站设置了层层屏障,基本上不排放污染环境的物质,放射性污染也比火电站少得多。据统计,核电站正常运行的时候,一年给居民带来的放射性影响,还不到一次X线透视人体所受的剂量。

(3) 安全性强。从第一座核电站建成以来,全世界投入运行的核电站达400多座,30多年来基本上是安全、正常的。虽然有1979年美国三里岛压水堆核电站事故和1986年苏联切尔诺贝利石墨沸水堆核电站事故,但这两次事故都是人为因素造成的。随着压水堆的进一步改进,核电站将变得更加安全。

5.5.2 原子核裂变

原子核裂变是一个原子核分裂成几个原子核的变化。只有一些质量非常大的元素,像铀、钍和钚等才能发生核裂变。核反应大致可以分为两类:一种是自发核反应,另一种是诱导核反应。

自发核反应即自然界存在的核衰变。某些元素具有天然放射性,它们通过 α 衰变或 β 衰变发生核的转变。如:

α 衰变 $^{226}_{88}Ra \longrightarrow {}^{222}_{86}Rn + \alpha$

β 衰变 $^{228}_{88}Ra \longrightarrow {}^{228}_{89}Ac + \beta$

诱导核反应则是用粒子轰击的人工方法产生的核反应。诱导核反应的方法有多种,最简单的方法是利用天然放射性的 α 射线对其他元素的核进行轰击。由于天然放射性的 α 射线的能量比较小,只能使原子序数较低的元素产生核反应。也可以用其他离子来轰击,如质子和中子:

α 轰击 $^{14}_{7}N + {}^{4}_{2}He \longrightarrow {}^{17}_{8}O + {}^{1}_{1}H$

质子轰击 $^{12}_{6}C + {}^{1}_{1}H \longrightarrow {}^{13}_{7}N$

中子轰击 $^{27}_{13}Al + {}^{1}_{0}n \longrightarrow {}^{27}_{12}Mg + {}^{1}_{1}H$

$^{235}_{92}U$ 的裂变反应是,在中子轰击下分裂为两个碎片,同时放出中子和大量能量。反应中,$^{235}_{92}U$ 的原子核吸收一个中子后发生裂变并放出两个中子。若这些中子除去消耗,至少有一个中子能引起另一个原子核裂变,使裂变自主地进行,则称这种反应为链式裂变反应。实现链式反应是核能发电的前提。

核裂变能是重原子核分裂成两个或多个轻原子核过程中,由质量亏损转变产生的能量。以 $^{235}_{92}U$ 受中子 $^{1}_{0}n$ 轰击发生核裂变,产生 $^{142}_{56}Ba$ 和 $^{92}_{36}Kr$:

$$^{235}_{92}U + {}^{1}_{0}n \longrightarrow {}^{142}_{56}Ba + {}^{92}_{36}Kr + 2{}^{1}_{0}n$$

每个 $^{235}_{92}U$ 原子核裂变前后质量亏损(Δm)为 0.19 u(u 为原子质量单位,为 $^{12}_{6}C$ 原子质量的 1/12),相应释放的能量(ΔE)为:

$$\Delta E = (\Delta m)c^2 = 2.8 \times 10^{-11} J$$

按此可算得 1 g $^{235}_{92}U$ 裂变释放的能量为 7.2×10^{10} J,将它和 1 kg 标准煤的燃烧热量 2.926×10^7 J 比较,1 g $^{235}_{92}U$ 和 2460 kg 标准煤相当。

核裂变能主要用于核电站和原子弹两方面。两者机制上的差异主要在于链式反应速度是否受到控制。核电站的关键设备是核反应堆,它相当于火电站的锅炉,受控的链式反应就在这里进行。核反应堆有多种类型,按引起裂变的中子能量可分为热中子堆和快中子堆。热中子能量在 0.1 eV 左右,快中子能量平均在 2 eV 左右。热中子堆其中需要慢化剂,通过它的原子与中子碰撞,将快中子慢化为热中子。慢化剂用的是水、重水或石墨。堆内还有载出热量的冷却剂,冷却剂有水、重水和氦等。根据慢化剂、冷却剂和燃料的不同,热中子堆可分为轻水堆(用轻水作慢化剂和冷却剂,稍加浓铀作燃料)、重水堆(用重水作慢化剂和冷却剂,稍加浓铀作燃料)和石墨水冷堆(石墨慢化,轻水冷却,稍加浓铀);轻水堆又分压水堆和沸水堆。

随着核技术的发展,人们不仅获得了核能,还从核技术的发展中获得了更多的技术应用,如同位素技术和医学方面的应用。医学上一个极为突出的案例是 γ 刀技术的应用,利用 γ 射线的能量消除需要割除的病变部位,不用手术就能完成任务,特别是对于脑部这样的部位,可以大大减少手术风险。

5.5.3 原子核聚变

根据原子核平均结合能，将相对不稳定的原子量小的核合并成更稳定的大核，也会释放出能量，这个过程称为核聚变。

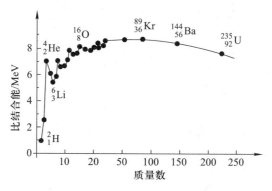

图 5-10　原子核的比结合能曲线

核聚变是与核裂变相反的核反应形式。质量小的原子，主要是指氢，只有在极高的温度和压力下才能让核外电子摆脱原子核的束缚，两个原子核互相吸引而碰撞到一起，发生原子核的聚合作用，生成新的质量更重的原子核（如氦）。中子虽然质量比较大，但是由于不带电，因此也能够在这个碰撞过程中逃离原子核的束缚而释放出来，大量电子和中子的释放所表现出来的就是巨大的能量释放。原子核中蕴藏着巨大的能量，一种原子核变化为另外一种原子核，往往伴随着能量的释放。

核聚变燃料可来源于海水和一些轻核，所以核聚变燃料是无穷无尽的。人类已经可以实现不受控制的核聚变，如氢弹的爆炸。科学家正在努力研究可控核聚变，一旦成功，核聚变可能成为未来的能量来源。

4 个氢核可以形成 1 个氦核，可以释放出 26 MeV 的能量。在自然界中，只有在太阳等恒星内部，其温度极高，氢核才有足够动能去克服核内的斥力，自动发生持续的聚变。太阳等恒星内部所进行着的正是氢核生成氦核的聚变过程。该过程很复杂，需要经过许多中间阶段，一个可能的过程是质子-质子的循环：

$$_1^1H + _1^1H \longrightarrow _1^2H + _1^0e + _0^0\nu$$
$$_1^2H + _1^1H \longrightarrow _2^3He + \gamma$$
$$_2^3He + _2^3He \longrightarrow _2^4He + 2\,_1^1H$$

另一个可能的过程是碳-氮循环：

$$_6^{12}C + _1^1H \longrightarrow _7^{13}N + \gamma$$
$$_7^{13}N \longrightarrow _6^{13}C + _1^0e + _0^0\nu$$
$$_6^{13}C + _1^1H \longrightarrow _7^{14}N + \gamma$$
$$_7^{14}N + _1^1H \longrightarrow _8^{15}O + \gamma$$
$$_8^{15}O \longrightarrow _7^{15}N + _1^0e + _0^0\nu$$
$$_7^{15}N + _1^1H \longrightarrow _6^{12}C + _2^4He$$

在上述反应中:$^0_0\nu$ 指光子;γ 指 γ 射线;^0_1e 指电子。

两个循环的结果所释放出来的能量约为 26 MeV。

人工的聚变,目前只能在氢弹爆炸或加速器产生的高能粒子碰撞中实现。氢弹的爆炸是利用核聚变所造成的极高温度来实现的。由于氢弹不受临界体积的限制,它的爆炸力比原子弹大千百倍。

化学正在和其他科学技术一起,开发核能,降低碳排放,保护环境,积极探索研究核聚变能量的利用,争取实现化石能源、核裂变能源和核聚变能源的顺利接轨。清洁能源将成为主角,使人类社会在可持续发展的道路上不断前进。

第六章 生活环境中的化学

当前,世界面临的全球性问题集中表现在粮食、能源、人口、资源和环境。要有的放矢、有效应对全球性问题的挑战,首先需要深刻认识和把握人类所面临的主要全球性问题及其发展趋势。其中,环境问题主要是由于人类社会迅速发展引起的,它是人类社会现代化进程中必然会出现而又必须妥善解决的问题。

人与环境是一种相互依存的关系:环境是人类生存的必要条件;人类也是环境的产物,是环境的一部分,离开了环境,人类无法生存和繁衍。自然环境为人类提供生存空间,人类通过生产活动从环境中索取物质和能量;同时,人类又通过生产消费活动和生活消费活动,将新陈代谢产物和废弃物排放到自然环境中。人类可以改造环境,环境又把它所受到的影响反作用于人类。

近年来,由于人口猛增,工业化进程加剧,人类赖以生存的环境受到了极大污染和破坏。为了能够继续生存和发展,了解环境被污染的情况和原因,并制定阻止环境污染的对策是非常必要的。

6.1 有限的水资源

6.1.1 水资源概况

地球表面约有70%以上被水覆盖,其余约占地球表面30%的陆地也有水的存在。尽管地球大部分被水覆盖,但绝大部分都是含盐量超过3%的海水,而人类生产生活需要的则是淡水。全球淡水资源中,冰川占68.69%,地下淡水占30.06%,其他淡水资源占1.25%,如图6-1所示。由于开发困难或技术经济的限制,到目前为止,海水、深层地下水、冰雪固态淡水等很少被直接利用。比较容易开发利用的、与人类生活生产关系最为密切的湖泊、河流和浅层地下淡水资源,只占淡水总储量的0.34%,还不到全球水总储量的万分之一。通常所说的水资源主要指这部分可供使用的、逐年可以恢复更新的淡水资源。可见地球上的淡水资源并不丰富。

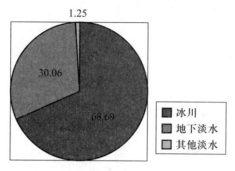

图 6-1 全球淡水资源分布百分比示意

水资源是发展国民经济不可缺少的重要自然资源。随着人口的增加,社会经济快速发展,城市化进程加快,水污染问题越来越严重。在世界许多地方,对水的需求已经超过水资源所能负荷的程度,同时有许多地区也面临水资源利用不平衡的困境。

我国淡水资源的总量为 28 000 亿 m^3,排世界第 6 位,但人均占有的水量却只有大约 2300 m^3,只有世界人均占有量的 1/4,如图 6-2 所示。全国大约一半的城市缺水,饮用水遇到了严重的危机。

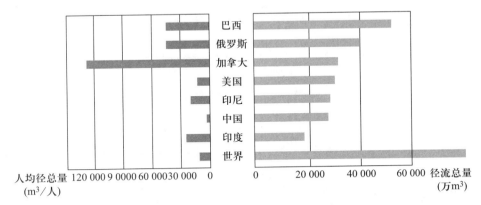

图 6-2 世界部分国家水径流量示意

自然界的水处于循环之中。地球表面存在的水体,在太阳光辐射作用下,大量水被蒸发成水蒸气并进入大气层,同时被气流输送到各处。这些水蒸气遇到冷气流,会凝聚成水珠,聚集后以雨水的形式降到地面。一部分雨水渗入土壤,一部分流入江河并最终汇入大海。据统计,雨水中 71.2% 仍会以水蒸气的形式进入大气,18.4% 渗入地下和流入河流,人类能够利用的雨水仅占 10.4%。

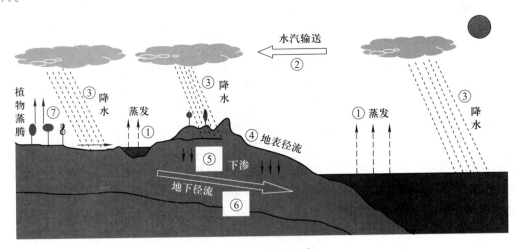

图 6-3 水循环示意

由于自然界中水循环的存在,天然水中的化学成分很复杂。在循环过程中,水蒸气会与大气中各种物质相接触,水又是一种极好的溶剂,因此很多物质会溶于水中。在渗入土壤和在江河中流动时又会溶解各种盐类和可溶有机物。因此,天然水中通常含有各类杂质,部分杂质见如表6-1所示。

表 6-1 天然水中所含杂质

溶解气体	主要气体	O_2、CO_2、H_2S
	微量气体	N_2、CH_4、He
溶解物质	主要离子	Cl^-、SO_4^{2-}、HCO_3^-、CO_3^{2-}、Na^+、K^+、Ca^{2+}、Mg^{2+}
	生物生成物	NH_4^+、NO_2^-、HPO_4^{2-}、$H_2PO_4^-$、$HSiO_3^-$、Fe^{2+}、Fe^{3+}
	微量元素	Br^-、I^-、F^-、Co、Ni、Cu^{2+}、Ti、U、Au、Ba^{2+}
胶体物质	无机胶体	SiO_2、$Fe(OH)_3$、$Al(OH)_3$
	有机胶体	腐殖质胶体
悬浮物质	细菌、藻类及原生物、泥沙、黏土及其他不溶物	

6.1.2 水的净化、纯化和软化

由于天然水杂质较多,水质浑浊,水资源必须在进行适当的处理后,才能利用。人们日常生活中所用的自来水,就是经过处理的净水。自来水的处理过程如图 6-4 所示。

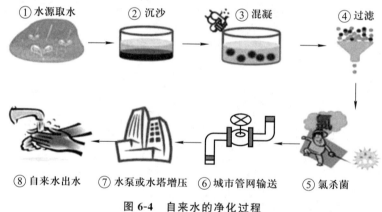

图 6-4 自来水的净化过程

水源中的天然水通过泵站被输送到沉降池,将一些固体杂质及悬浮物沉降下来。为了使其迅速沉降,通常要使用化学絮凝剂,最常用的化学絮凝剂是硫酸铝[$Al_2(SO_4)_3$]。硫酸铝是三价金属铝的硫酸盐,之所以可作为絮凝剂使用,是因为它在水中会发生如下水解反应:

$$Al_2(SO_4)_3 + 6H_2O \longrightarrow 2Al(OH)_3 \downarrow + 3H_2SO_4$$

由于 $Al(OH)_3$ 在水中的溶解度极小,因而 $Al_2(SO_4)_3$ 一旦发生水解反应,$Al(OH)_3$ 就会以絮状的白色沉淀的状态,弥散地分布在水中。这种絮状疏松的沉淀有很强的吸附能力,在滋生自身并沉降的过程中会把水中的悬浮固体物吸附掉,使水变得澄清。

常用的絮凝剂还有十二水硫酸铝钾[$KAl(SO_4)_2 \cdot 12H_2O$,俗称明矾]、硫酸铁或高铁酸钠等,高价铁除了沉降外,还有氧化作用,也具有消毒作用。

经过沉淀的澄清水再经过沙滤输送到曝气池,利用压缩空气使曝气池内的水翻腾,让水中所含挥发性物质挥发,同时在曝气过程中带入的氧气可消除水中的有害气体。

经过澄清和曝气的水已经变成清澈透明,但水中还有对人体健康不利的病菌。为了消灭这些病菌,需要向水中通入氯气。通入氯气消毒的原理是氯气在水中会生成次氯酸,次氯酸是不稳定化合物,分解并释放出氧气:

$$H_2O + Cl_2 \longrightarrow HClO + HCl$$
$$2HClO \longrightarrow 2HCl + O_2$$

新生态氧具有极强的氧化能力,能迅速氧化细菌细胞中的生物大分子,从而达到杀死病菌的目的。

将氯气通入消石灰[$Ca(OH)_2$]中,就得到所谓的漂白粉,其中含有的次氯酸钙[$Ca(ClO)_2$],溶于水中会发生水解反应,生成次氯酸,具有消毒杀菌作用:

$$Ca(ClO)_2 + 2H_2O \longrightarrow Ca(OH)_2 + 2HClO$$
$$2HClO \longrightarrow 2HCl + O_2$$

为了避免氯化物、游离氯对人体健康和对水的口感所造成的影响,人们发明了另一种先进的消毒方法:采用臭氧(O_3)来消毒。

水经过净化后,变得清澈透明,但水里还含有一些化学物质。在制备药剂、注射用生理盐水或葡萄糖水、超纯物质时,必须去除水中这些化学杂质,使之变成纯水。为了获得化学概念上的纯水,通常采用蒸馏法,这是化学中常用的制备纯净物质的方法。然而,蒸馏方法虽然可以将水中的不挥发物质如钠、钙、镁及铁盐除去,但溶解在水中的氨、二氧化碳或者其他气体和挥发性物质则随着水蒸气一起进入冷凝器,溶入收集的水中。除去这类气体的一个有效方法是使水蒸气一部分冷凝,一部分逸去,原来溶解在水中的气体和挥发性物质就能随逸出的部分而被除去。要得到纯度更高的蒸馏水,可先在普通蒸馏水中加入高锰酸钾和碱性溶液,进行蒸馏以除去其中的有机物和挥发性酸性气体,然后在所得的蒸馏水中加入非挥发性的酸,如硫酸或磷酸,最后再进行蒸馏除去氨等挥发性碱。这类水被称为重蒸水。

水纯化的关键是除去溶解在水中的盐类。溶解在水中的盐是以阳离子或阴离子的形式存在的,如果有一种物质可以把这些离子从水中带走,那么水也就被纯化了。这种物质就是化学家们研制合成的高分子化合物——离子交换树脂。离子交换树脂不溶于水,具有酸性或碱性。酸性离子交换树脂又称为阳离子交换树脂,它可以和阳离子发生交换反应;碱性离子交换树脂又称为阴离子交换树脂,它可以和阴离子发生交换反应。

如果让水分别通过足够的阳离子交换树脂和阴离子交换树脂,所有溶解于水的阳离子和阴离子都被交换到树脂上去,流出的便是纯水。离子交换树脂的交换作用是可逆的,当它吸够离子后,可以分别再用酸溶液或碱溶液进行反交换,让它恢复到酸性或碱性,这样,离子交换树脂就可以重复利用。这一过程称为树脂的再生。

水在蒸发及降雨过程中,容易吸收溶解在大气中的污染物。降水落到地面,会溶解地面上的污物;地面水渗入地下或汇入江河的过程中,也会不断溶解所接触到的矿物质(如石灰石和白云石等),与溶于水中的二氧化碳发生作用,生成可溶性的酸式碳酸盐,进而导致钙离子(Ca^{2+})和镁离子(Mg^{2+})等留存于水中。在水循环过程中,水溶解了所接触到的钙离子和镁离子,形成了水的硬度。

$$CaCO_3(石灰石)+CO_2+H_2O \longrightarrow Ca(HCO_3)_2$$
$$CaCO_3 \cdot MgCO_3(白云石)+2CO_2+2H_2O \longrightarrow Ca(HCO_3)_2+Mg(HCO_3)_2$$

水的硬度一般是指水里钙、镁离子浓度的总和,单位为毫摩尔每升($mmol \cdot L^{-1}$)。通常,如果 1L 水里含有 10 mg CaO 或相当于 10 mg CaO 的物质,例如 7.1 mg MgO,那么这样的水的硬度称为 1 度。

通常硬度在 0~4 度的水称为很软水,4~8 度称为软水,8~16 度称为中硬水,16~30 度称为硬水,30 度以上称为很硬水。

硬水在某些场合中是十分有害的,所以要对硬水进行软化。有些水的硬度是暂时硬度,这种水经过煮沸,水里所含的碳酸氢钙或碳酸氢镁就会分解成不溶于水的碳酸钙和难溶于水的氢氧化镁沉淀。这些沉淀物析出,水的硬度就可以降低,硬度较高的水得到了软化。

$$Ca(HCO_3)_2 \longrightarrow CaCO_3 \downarrow +CO_2+H_2O$$
$$Mg^{2+}+2OH^- \longrightarrow Mg(OH)_2 \downarrow$$

因此,工业上的锅炉用水绝不能用硬水。硬水在加热过程中生成的沉淀物 $CaCO_3$ 会形成水垢,轻则使传热变差、效率降低;重则产生裂缝,造成加热不均匀,甚至还会引起爆炸事故。日常生活中,我们的水壶底部和热水瓶底部见到的白色水垢,就是这种沉淀物。锅炉用水必须经过处理,除去钙、镁离子等。

若水的硬度是永久硬度,往往使用以下几种方法进行软化。

(1) 离子交换法:采用特定的阳离子交换树脂,用钠离子将水中的钙、镁离子置换出来。由于钠盐的溶解度很高,所以就避免了随温度的升高而生成水垢的情况。这种方法是最常用的标准方式,主要优点是效果稳定准确,工艺成熟,可以将硬度降至 0。采用这种方式的软化水设备一般也称为离子交换器(由于采用的多为钠离子交换树脂,所以也常常称为钠离子交换器)、软水机、软水器。

$$2NaR_2+Ca^{2+} \longrightarrow CaR_2+2Na^+$$

随着反应的进行,交换速度越来越慢,继而停止交换。此时必须用食盐水冲洗交换剂,使反应向左进行,交换剂得以再生。具体操作为:交换欲处理的水,流过离子交换剂层,进行交换,直至交换剂失效;然后进行反冲洗,使水逆向流过已失效的离子交换剂,除去交换时聚集的悬浮物和破碎的交换剂,并松动交换剂层;然后加入再生剂,使之进行再生反应,并将交换下来的 Ca、Mg 等离子带出,恢复交换剂的能力;最后正洗,使水流经交换剂层,除去所有的再生剂。

(2) 膜分离法:纳滤膜(NF)及反渗透膜(RO)均可以拦截水中的钙、镁离子,从而从根本上降低水的硬度。这种方法的特点是效果明显而稳定,处理后的水适用范围广;但是对进水压力有较高要求,设备投资、运行成本都较高。一般较少用于专门的软化处理。

(3) 石灰法:向水中加入石灰,主要用于处理大流量的高硬水,只能将硬度降到一定的范围。

(4) 电磁法:在水中加上一定的电场或磁场来改变离子的特性,从而改变碳酸钙(碳酸镁)沉积的速度及沉积时的物理特性,阻止硬水垢的形成。其特点是设备投资小,安装方便,运行费用低;缺点是效果不够稳定,没有统一的衡量标准,而且由于仅能影响一定范围内的水垢的物理性能,所以处理后的水的使用时间、使用距离都有一定局限。多用于商业循环冷却水(如中央空调等)的处理,但不能用于工业生产及锅炉补给水的处理。

(5) 加药法:向水中加入专用的阻垢剂(生石灰和纯碱),可以改变钙、镁离子与碳酸根离子结合的特性,从而使水垢不能析出、沉积。现在工业上可以使用的阻垢剂很多。这种方法的特点是一次性投入较少,适应性广;但水量较大时运行成本偏高。而且,由于加入了化学物质,所以水的应用受到很大限制,一般情况下不能应用于饮用、食品加工、工业生产等方面,在民用领域中也很少应用。

常用的药剂软化方法有:石灰软化、石灰纯碱软化和综合软化。

将生石灰加水调成石灰乳加入水中,则可消除水的暂时硬度,反应为:

$$Ca(HCO_3)_2 + Ca(OH)_2 \longrightarrow 2CaCO_3\downarrow + 2H_2O$$

$$Mg(HCO_3)_2 + 2Ca(OH)_2 \longrightarrow Mg(OH)_2\downarrow + 2CaCO_3\downarrow + 2H_2O$$

石灰乳能使镁、钙离子等从水中沉淀出来,促使胶体粒子凝聚。但此法不能使水彻底软化,它只适用于碳酸盐硬度较高而不要求高度软化的情况,也可作为其他方法的预处理阶段。

用石灰乳和纯碱的混合液作为水的软化剂。纯碱能消除水的永久硬度,如:

$$CaCl_2 + Na_2CO_3 \longrightarrow CaCO_3\downarrow + 2NaCl$$

$$MgSO_4 + Na_2CO_3 \longrightarrow MgCO_3\downarrow + Na_2SO_4$$

以石灰乳和纯碱作为基本软化剂,以少量磷酸三钠为辅助软化剂。磷酸三钠能与造成暂时硬度及永久硬度的盐类生成难溶盐,并使之沉淀。

6.1.3 海水的淡化

水对人类的生存与发展具有重要意义,但是地球上可供人类使用的淡水资源非常少,所以为了更好地弥补淡水资源短缺问题,人们开始尝试开发海水资源。

海水中含有 3.5% 的盐类化合物,如何廉价地把这些化合物从水中去除,一直是化学家们孜孜以求的目标。随着淡水资源日益受到污染,其净化成本也日趋增加,而海水淡化的技术不断进步,进而逐步降低成本。因此,海水淡化已进入实用阶段,尤其是在无淡水资源的岛屿上以及长期在海上航行的船只所需的饮用水等方面,海水淡化越来越受到人们的重视。如今,我国在扩大工业园区海水淡化利用规模的同时,还会鼓励远洋渔船、海洋平台加装易维护的海水淡化装置。

目前,化学家已发明了比较实用的技术淡化海水,如蒸馏法、电渗析法和反渗透法。蒸馏法比较昂贵,蒸发 1 g 水需要吸收 2.3 kJ 热量,而凝固 1 g 水又要设法从水中获取 0.3 kJ 热量,两者都要消耗大量的能源动力。电渗析法和反渗透法的淡化速度较慢。

蒸馏法淡化海水与制备纯水的蒸馏方法一样,海水经蒸馏后即可被人类所饮用。为了克服能源消耗较大这一局限性,在蒸馏法中需要考虑能源的再利用,所以常常把蒸汽冷凝过程中所释放的热量用来进行海水的预热。太阳能和原子能的利用使海水淡化的规模生产有了新的依靠,目前,这种方法仍是海水淡化的主要方法。

早期,人们利用太阳能进行海水淡化,主要是利用太阳能进行蒸馏。盘式太阳能蒸馏器是典型的蒸馏系统,人们对它的应用已经有近 150 年的历史。由于它结构简单、取材方便,现在仍被广泛采用。与传统动力源和热源相比,太阳能具有安全、环保等优点,将太阳能采集与脱盐工艺两个系统结合是一种可持续发展的海水淡化技术。由于不消耗常规能源、无污染、所得淡水纯度高等优点,受到人们的重视。

太阳能蒸馏器由一个水槽组成,水槽内有一个黑色多孔的毡心浮洞,槽顶上盖有一块透明、边缘封闭的玻璃覆盖层。太阳光穿过透明的覆盖层投射到黑色绝热的槽底,转换为热能。因此,塑料芯中的水面温度总是高于透明覆盖层底的温度。水从毡芯蒸发,蒸汽扩散到覆盖层上,冷却为液体,排入不透明的蒸馏槽中(如图 6-5)。

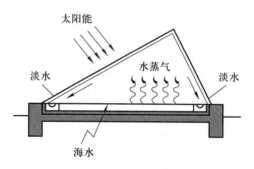

图 6-5 太阳能蒸馏器的基本构造

电渗析法是另一项常用的海水淡化技术,利用离子交换膜进行海水淡化。离子交换膜是一种功能性膜,分为阴离子交换膜(阴膜)和阳离子交换膜(阳膜)。阳膜只允许阳离子通过,阴膜只允许阴离子通过,这就是离子交换膜的选择透过性。在外加电场的作用下,水溶液中的阴、阳离子会分别向阳极和阴极移动,如果中间再加上一种交换膜,就可以达到分离浓缩的目的。原理示意图如图 6-6

在电渗析技术中,合成离子交换膜是关键。聚乙烯异相离子交换膜是运用最为广泛的一种。由苯乙烯磺酸型阳离子交换树脂、苯乙烯季铵型阴离子交换树脂以聚乙烯为黏合剂,经混炼拉片,用尼龙网布增强热压而得到聚乙烯阳离子交换膜和聚乙烯阴离子交换膜。聚乙烯异相离子交换膜自 20 世纪 60 年代末期开始在我国开发投产,并应用于电渗析技术。我国西沙永兴岛上的海水淡化站就采用这种技术,日产淡水 20 吨。

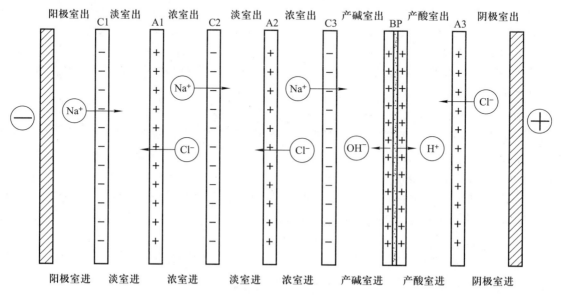

图 6-6 电渗析技术工作原理

电渗析法最先用于海水淡化制取饮用水和工业用水。这种方法将海水浓缩制取食盐与其他单元技术组合制取高纯水,后来在废水处理方面也得到了较广泛的应用。

采用反渗透法也可以淡化海水。反渗透法利用只允许溶剂透过、不允许溶质透过的半透膜,将海水与淡水分隔开。在通常情况下,淡水通过半透膜扩散到海水一侧,从而使海水一侧的液面逐渐升高,直至一定的高度才停止,这个过程称为渗透。此时,海水一侧高出的水柱静压称为渗透压。如果对海水一侧施加大于海水渗透压的外压,那么海水中的纯水将反渗透到淡水中。简易原理如图 6-7,反渗透法的最大优点是节能,它的能耗仅为电渗析法的 1/2,蒸馏法的 1/40。

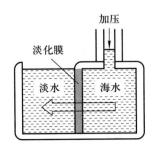

图 6-7　反渗透法工作原理

从 1974 年起,美、日等发达国家先后把发展重心转向反渗透法。该技术所用的渗透膜多为合成高分子材料——醋酸纤维素。目前,化学家还在深入研究以寻求更理想的渗透膜。实践证明,这种渗透法对于除去水中的多氯联苯、酚类化合物、铬和银的化合物也是极为有效的,对于解决水污染问题也不失为一个好方法。

6.1.4　水的污染

引起水污染的原因有两类,一类是自然污染,另一类是人为污染,而后者是主要的。人为污染是指人类和生产生活活动中排放到水源中的污染,包括工业污染、农业污染和生活污染三大部分。判断水源是否受到污染,主要以是否影响人类健康为标准,每个国家对水质都制订了相应的标准。表 6-2 为我国生活饮水水质标准。

表 6-2　我国生活饮水水质标准

编号	项目	标准
感观性状和一般化学指标		
1	色	色度不超过 15 度,并不得呈现其他异色
2	浑浊度	不超过 3 度,特殊情况下不超过 5 度
3	臭和味	不得有异臭、异味
4	肉眼可见物	不得含有
5	pH	6.8~8.5
6	总硬度(以碳酸钙计)	450 mg·L^{-1}
7	铁	0.3 mg·L^{-1}

续表

编号	项 目	标 准
8	锰	$0.1\ \mathrm{mg\cdot L^{-1}}$
9	铜	$1.0\ \mathrm{mg\cdot L^{-1}}$
10	锌	$1.0\ \mathrm{mg\cdot L^{-1}}$
11	挥发酚类(以苯酚计)	$0.002\ \mathrm{mg\cdot L^{-1}}$
12	阴离子合成洗涤剂	$0.3\ \mathrm{mg\cdot L^{-1}}$
13	硫酸盐	$250\ \mathrm{mg\cdot L^{-1}}$
毒理学指标		
14	氯化物	$250\ \mathrm{mg\cdot L^{-1}}$
15	溶解性总固体	$1000\ \mathrm{mg\cdot L^{-1}}$
16	氟化物	$1.0\ \mathrm{mg\cdot L^{-1}}$
17	氰化物	$0.05\ \mathrm{mg\cdot L^{-1}}$
18	砷	$0.05\ \mathrm{mg\cdot L^{-1}}$
19	硒	$0.01\ \mathrm{mg\cdot L^{-1}}$
20	汞	$0.001\ \mathrm{mg\cdot L^{-1}}$
21	镉	$0.01\ \mathrm{mg\cdot L^{-1}}$
22	铬(六价)	$0.05\ \mathrm{mg\cdot L^{-1}}$
23	铅	$0.05\ \mathrm{mg\cdot L^{-1}}$
24	银	$0.05\ \mathrm{mg\cdot L^{-1}}$
25	硝酸盐(以氮计)	$20\ \mathrm{mg\cdot L^{-1}}$
26	氯仿	$60\ \mathrm{\mu g\cdot L^{-1}}$
27	四氯化碳	$3\ \mathrm{\mu g\cdot L^{-1}}$
28	苯并[a]芘	$0.01\ \mathrm{\mu g\cdot L^{-1}}$
29	DDT	$1\ \mathrm{\mu g\cdot L^{-1}}$
30	六六六	$5\ \mathrm{\mu g\cdot L^{-1}}$
细菌学指标		
31	细菌总数	$100\ \text{个}\cdot\mathrm{mL^{-1}}$
32	总大肠菌群数	$3\ \text{个}\cdot\mathrm{mL^{-1}}$
33	游离余氯	在接触 30 min 后应不低于 $0.3\ \mathrm{mg\cdot L^{-1}}$,集中式给水厂出水除应符合上述要求外,管网末梢水应不低于 $0.05\ \mathrm{mg\cdot L^{-1}}$
放射性指标		
34	α总放射性	$0.1\ \mathrm{Bq\cdot L^{-1}}$
35	β总放射性	$1.0\ \mathrm{Bq\cdot L^{-1}}$

人类生产活动造成的水体污染中,工业引起的水体污染最严重。如工业废水,它含污染物多,成分复杂,不仅在水中不易净化,而且处理起来也比较困难。

工业废水也是工业污染引起水体污染的最重要的部分。工业废水所含的污染物因工厂种类不同而千差万别,即使是同类工厂,生产过程不同,废水所含污染物的质和量也不一样。另外,工业污染除了排出工业废水直接注入水体引起污染外,固体废物和废气也会污染水体。

农业污染主要是由于耕作或开荒使土地表面疏松,在土壤和地形还未稳定时降雨,大量泥沙流入水中,增加了水中的悬浮物。还有一个重要部分是农药、化肥的使用量日益增多,而使用的农药和化肥只有少量附着或被吸收,其余绝大部分残留在土壤和漂浮在大气中,通过降雨,经过地表径流的冲刷,进入地表水和渗入地下水,形成污染。

生活污染源的出现是因为城市人口集中,城市生活污水、垃圾和废气都可能引起水体污染。生活污染对水体的污染主要是生活污水,它是人们日常生活中产生的各种污水的混合液,包括厨房、洗涤房、浴室和厕所排出的污水。

水污染日趋加剧,已对人类的生存安全构成重大威胁,成为人类健康、经济和社会可持续发展的重大障碍。据世界权威机构调查,在发展中国家,各类疾病有 80% 是通过人们饮用了不卫生的水传播的,每年因饮用不卫生水至少造成全球 2000 万人死亡,因此,水污染被称作"世界头号杀手"。

水污染会影响工业生产、增大设备腐蚀、影响产品质量,甚至使生产不能进行下去。对于人们的生活,水污染会破坏生态,直接危害人的健康。

面对严峻的水污染问题,我们应积极行动起来,珍惜每一滴水,采取节水技术、防治水污染、植树造林等多种措施,合理利用和保护水资源。

6.2 生活中的大气

6.2.1 大气层

大气层是围绕着地球的一层混合气体,是地球最外部的气体圈层,包围着海洋和陆地。大气圈没有确切的上界,在离地表 2000~16 000 km 高空仍有稀薄的气体和基本粒子;在地下,土壤和某些岩石中也会有少量气体,它们也可认为是大气层的一个组成部分。地球大气的主要成分为氮气、氧气、氩气、二氧化碳和不到 0.04% 的微量气体,这些混合气体被称为空气。大气层会随着地球的自转而转动。

整个大气层随高度不同表现出不同的特点,分为对流层、平流层、臭氧层、中间层、电离层(热层)和散逸层,再外层就是星际空间。

距地球表面 11.2 km 之内称为对流层,在此层内有强烈的气流对流活动,故得此名。对流层温度随高度的增加而降低,这是因为该层不能直接吸收太阳的短波辐射,但能吸收地面反射的长波辐射,从下面加热大气。因此,靠近地面的空气受热多,远离地面的空气受热少。每升高 1 km,气温约下降 6.5℃。又因为岩石圈与水圈的表面被太阳晒热,热辐射对下层空气加热,冷热空气发生垂直对流;同时,地面有海陆之分、昼夜之别以及纬度高低之差,因而不同地区温度也有差别,这就形成了空气的水平运动。大气与地表接触,水蒸气、尘埃、微生物以及人类活动产生

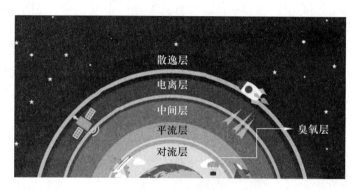

图 6-8 大气层分层示意

的有毒物质进入空气层,故该层中除气流进行垂直和水平运动外,化学过程也十分活跃。伴随气团变冷或变热,水汽会形成雨、雪、雹、霜、露、云、雾等一系列天气现象。

从 11.2 km 延伸到 50 km 之间的空间称为平流层。在平流层和平流层以上的大气里,几乎不存在水蒸气和尘埃,极少出现云、雨、雷、电等天气现象。所以该层的透明度非常好,加上气流稳定,是喷气式飞机飞行的理想场所。

6.2.2 大气污染之雾霾

人类生活在大气圈中,依靠空气中的氧气而生存。这充分说明空气对维持生命的重要性,而清洁的空气则是人类健康的重要保证。但是,大气中含有一些对人体有害的物质,如一氧化碳(CO)、一氧化氮(NO)、二氧化氮(NO_2)、二氧化硫等(SO_2),它们被视为大气污染物。现在,大气中能检测到的污染物有近百种。

从化学角度看,大气污染物主要有含硫化合物(SO_2、H_2S 等),含氮化合物(NO、NO_2、NH_3 等)、碳氧化合物(CO、CO_2 等),光化学氧化剂(O_3、H_2O_2 等),含卤素化合物(HCl、HF 等),颗粒物,烃类化合物,放射性物质等 8 类。将这些大气污染物按其物理状态分类,可分为气态污染物(如 SO_2、NO)和颗粒物两大类;若按形成过程分,则可分为一次污染物和二次污染物,如表 6-3。

直接从污染源排放的污染物称为一次污染物,如 CO、SO_2 等。由一次污染物经化学反应或光化学反应形成的污染物为二次污染物,如 O_3、硫酸盐、硝酸盐、有机颗粒物等。值得注意的是,CO_2 碳以前不被认为是空气污染物,但鉴于其对气候变化的重要影响,一些国家已经把 CO_2 作为大气污染物对待。

表 6-3 大气中污染物按形成过程的分类

污染物	一次污染物	二次污染物
含硫化合物	SO_2、H_2S	SO_3、H_2SO_4、硫酸盐
含氮化合物	NO、NH_3	NO_2、HNO_3、硝酸盐
碳氧化合物	CO、CO_2	—
光化学氧化剂	O_3、H_2O_2	醛类、酮类

续表

污染物	一次污染物	二次污染物
含卤素化合物	HCl、HF、Cl_2	—
颗粒物	煤尘、粉尘、金属微粒	—
烃类化合物	C1~C3 化合物	酮、醛、酸
放射性物质	铀、钍、镭等	—

有些空气中的颗粒物质非常细小,以至于人的肉眼几乎看不见。这些细颗粒物是指空气动力学当量直径≤2.5 μm 的颗粒物,因此又被称为 $PM_{2.5}$。它能较长时间悬浮于空气中,在空气中含量越高,就代表空气污染越严重。虽然 $PM_{2.5}$ 只是地球大气成分中含量很少的组分,但它对空气质量和能见度等有重要的影响。$PM_{2.5}$ 粒径小,面积大,活性强,易附带有毒有害物质(如重金属、微生物等)且在大气中的停留时间长,输送距离远,因而对人体健康和大气环境质量的影响更大。$PM_{2.5}$ 的化学成分主要包括有机碳、元素碳、硝酸盐、硫酸盐、铵盐、钠盐等,是雾霾天气的罪魁祸首。

雾霾,顾名思义是雾和霾,但是雾和霾的区别很大。雾是由大量悬浮在近地面空气中的微小水滴或冰晶组成的气溶胶系统,多出现于秋冬季节,是近地面层空气中水汽凝结的产物。雾的存在会降低空气透明度,使能见度恶化。由于液态水或冰晶组成的雾散射的光与波长关系不大,因而雾看起来呈乳白色、青白色或灰色。霾是空气中的灰尘、硫酸盐、硝酸等颗粒物组成的气溶胶系统,会对人们造成视觉障碍,也称阴霾、灰霾。随着空气质量的恶化,阴霾天气现象出现增多,危害加重。中国不少地区把阴霾天气现象并入雾一起作为灾害性天气预警预报,统称为雾霾天气。

雾霾天气是一种大气污染状态。雾霾是对大气中各种悬浮颗粒物含量超标的笼统表述,尤其是 $PM_{2.5}$,被认为是造成雾霾天气的"元凶"。

雾霾能直接进入并黏附在人体呼吸道和肺泡中,引起急性鼻炎和急性支气管炎等病症。对于支气管哮喘、慢性支气管炎、阻塞性肺气肿和慢性阻塞性肺疾病等慢性呼吸系统疾病患者,雾霾天气可使病情急性发作或急性加重。如果长期处于这种环境,还会诱发肺癌。雾霾也常常引发交通事故。

6.2.3 大气污染之光化学烟雾

汽车是现代重要的交通运输工具,随着汽车数量的增长,城市汽车尾气造成的环境污染也日益严重。汽车排放到大气中的 NO、NO_2 和烃类化合物等为一次污染物,它们在紫外线照射下能发生化学反应,生成二次污染物。由一次污染物和二次污染物的混合物所形成的烟雾污染现象,称为光化学烟雾。

清晨,汽车排放出大量的碳氢化合物和 NO 进入大气。由于晚间 NO 氧化的结果,此时已有少量 NO_2 存在。当阳光开始照射时,NO_2 光解离提供原子氧,然后 NO_2 光解反应及一系列次级反应发生,—OH 开始氧化碳氢化合物,并生成一批自由基,它们有效地将 NO 转化为 NO_2,使 NO_2 浓度上升,碳氢化合物及 NO 浓度下降。当 NO_2 达到一定值时,O_3 开始积累,而自由基与

NO_2 的反应又使 NO_2 的增长受到限制。当 NO 向 NO_2 转化速率等于自由基与 NO_2 的反应速率时，NO_2 浓度达到极大，此时 O_3 仍在积累之中。当 NO_2 下降到一定程度时，就影响 O_3 的生成量；当 O_3 的积累与消耗达成平衡时，O_3 达到极大。

$$2NO(g) + O_2(g) + h\nu \longrightarrow 2NO_2(g)$$
$$NO_2(g) + h\nu \longrightarrow NO(g) + O(g)$$
$$O(g) + O_2(g) + h\nu \longrightarrow O_3(g)$$
$$O_3(g) + NO(g) \longrightarrow NO_2(g) + O_2(g)$$

当 NO_2 光分解成 NO 和氧原子时，光化学烟雾的循环就开始了。氧原子和氧分子反应生成 O_3，O_3 是一种强氧化剂，它与烃类发生一系列复杂的化学反应，其产物中的烟雾含有刺激性物质，如醛类、酮类等。在此过程中，NO 和 NO_2 还会形成另一类强烈刺激性物质，如硝酸过氧化乙醛(PAN)。另外，烃类中一些挥发性小的氧化物会凝结成气溶胶，构成 $PM_{2.5}$。

$$RH + O \longrightarrow RO_2-$$
$$RH + O_3 \longrightarrow RO_2- + O$$
$$RH + -OH \longrightarrow RO_2- + H_2O$$
$$RCHO + -OH \longrightarrow RC-O(酰基) + H_2O$$
$$RC-O + O_2 \longrightarrow RC(O)O_2- (过氧酰基)$$
$$RO_2- + NO \longrightarrow NO_2 + RO- (RO_2- 包括 HO_2-)$$
$$-OH + NO \longrightarrow HNO_2$$
$$-OH + NO_2 \longrightarrow HNO_3$$
$$RC(O)O_2- + NO_2 \longrightarrow RC(O)O_2NO_2$$
$$CH_3C-HOO- + O_2 \longrightarrow CH_3C(O)OO- + -OH$$
$$CH_3C(O)OO- + NO_2 \longrightarrow CH_3C(O)OONO_2(PAN)$$

减少光化学烟雾的出现是目前人们面临的重要课题。其中，关键的是如何控制大气中 NO_2 及碳氢化合物的浓度，使 O_3 的浓度符合大气质量标准的要求。除控制工业污染源外，主要需要改善汽车发动机的结构与工作状态，也可以安装尾气催化转化器，前者可降低燃料消耗、减少有害气体排放，后者可使尾气无害化。

用金属铑(Rh)做催化剂的尾气净化器能够有效地除去汽车尾气中的氮氧化物，减少其对空气的污染。

6.2.4 大气污染之酸雨

大气中的化学物质随降雨到达地面后，会对地表的物质平衡产生各种影响。雨水的酸化程度通常用 pH 表示。正常雨水偏酸性，pH 为 6～7，这是由于大气中的 CO_2 溶于雨水中，形成部分电离的碳酸氢根：

$$CO_2(g) + H_2O \rightarrow H_2CO_3 \longrightarrow H^+ + HCO_3^-$$

雨水的微弱甘性可使土壤的养分溶解，供生物吸收，这是有利于人类环境的。但由于大气的污染，空气中含有的二氧化硫、氮氧化物等物质，被雨、雪等在形成和降落过程中吸收，形成了 pH 低于 5.6 的酸性降水，称为酸雨。酸雨主要是人为向大气中排放大量酸性物质(如废气中的硫氧化物和氮氧化物)所造成的，是大气污染现象之一。

酸雨的形成是一个复杂的大气化学和大气物理过程。汽油和柴油都有含硫化合物，燃烧时

放出 SO_2,金属硫化物矿在冶炼过程中也会释放出大量的 SO_2。这些 SO_2 通过氧化反应生成硫酸：

$$SO_2 + H_2O \Longleftrightarrow H_2SO_3$$
$$2H_2SO_3 + O_2 \Longleftrightarrow 2H_2SO_4$$

燃烧过程产生的 NO 和空气中的 O_2 化合成 NO_2,NO_2 遇水生成硝酸和亚硝酸：

$$2NO + O_2 \Longleftrightarrow 2NO_2$$
$$2NO_2 + H_2O \Longleftrightarrow HNO_3 + HNO_2$$

酸雨对环境有多方面的危害：可导致土壤和水域酸化,损害农作物和林木生长,危害渔业生产,腐蚀建筑物、工厂设备和文化古迹,危害人类健康。因此,酸雨已被公认为全球性的重大环境问题。

6.2.5 大气污染之温室效应

宇宙中任何物体都辐射电磁波。物体温度越高,辐射波的波长越短。太阳表面温度约 6000 K,它发射的电磁波的波长很短,称为太阳短波辐射。地面在接受太阳短波辐射而增温的同时,也时时刻刻因向外辐射电磁波而冷却。地球发射的电磁波因为温度较低而波长较长,称为地面长波辐射。短波辐射和长波辐射在经过地球大气时的遭遇是不同的：大气对太阳短波辐射几乎是透明的,却强烈吸收地面长波辐射。在吸收地面长波辐射的同时,大气本身也在向外辐射波长更长的长波辐射(因为大气的温度比地面更低)。其中,向下到达地面的部分称为逆辐射。地面接收逆辐射后会升温,或者说,大气对地面起到了保温作用。

由于人口激增、人类活动频繁、化石燃料的燃烧量增加,而且森林面积因乱砍滥伐而急剧减少,大气中 CO_2 和各种气体微粒含量不断增加,致使吸收及反射回地面的长波辐射增多,引起地球表面气温升高,这称为温室效应。

温室气体并非只有 CO_2,还有甲烷(CH_4)、氟氯烃(CFCs,俗称氟里昂)、一氧化二氮(N_2O)和氢氧根(OH^-)等。在各类温室气体中,浓度最大的是 CO_2,其浓度年增长率为 0.5%,需要注意的是,虽然水汽也可以起到类似的效果,但是浓度增长不明显,对温室效应的增强影响不大,所以人们谈论温室气体时,很少提到水。氟利昂在原本的大气中并不存在,全部来自人工排放,其浓度年增长率一度高达 5%。同时,氟利昂分子吸收红外辐射的能力是 CO_2 分子的几千万倍。

温室效应的加剧导致全球变暖,这会给气候、生态环境及人类健康等带来影响。地球温度升高,冰川加速融化,海平面上升,降雨量也会增加。还可能使局部地区在短时间内发生急剧的天气变化,导致气候异常,热带风暴、龙卷风等自然灾害加重,还可能导致高温、热浪等极热天气出现的频率增加,心血管和呼吸系统疾病的发病率上升,同时还会加速流行性疾病的传播和扩散,从而直接威胁人类健康。此外,温室效应还可能使洋流停滞,导致更多的物种灭绝。

化学家一方面在揭示温室效应加剧的原因,另一方面在提出减缓温室效应的方法和措施,包括有效控制温室气体排放,以及将温室气体转化成有用的能源等。

附录 1901—2022 年诺贝尔化学奖获得者及其获奖成果

年份	姓 名	国籍	主要贡献
1901	范特霍夫(van't Hoff)	荷兰	发现动力学定律和溶液渗透压定律 Discovery of the laws of chemical dynamics and of the osmotic pressure in solutions
1902	费歇尔(Fischer)	德国	对糖类和嘌呤的合成研究 Synthetic studies in the area of sugar and purine groups
1903	阿伦尼乌斯(Arrhenius)	瑞典	电离理论 Theory of electrolytic dissociation
1904	拉姆齐(Sir Ramsay)	英国	惰性气体的发现 Discovery of the indifferent gaseous elements in air (noble gases)
1905	拜尔(Baeyer)	德国	对有机染料和氢化芳香化合物的研究 Organic dyes and hydroaromatic compounds
1906	莫瓦桑(Moissan)	法国	单质氟的分离 Investigation and isolation of element fluorine
1907	布赫纳(Buchner)	德国	对生物化学的研究，发现无细胞发酵 Biochemical studies, discovery of fermentation without cells
1908	卢瑟福(Rutherford)	英国	对元素蜕变和放射性物质的化学研究 Decay of the elements, chemistry of radioactive substances
1909	奥斯特瓦尔德(Ostwald)	德国	对催化、化学平衡以及反应速率的研究 Catalysis, chemical equilibria and reaction rates
1910	瓦拉赫(Wallach)	德国	对脂环族化合物的研究 Alicyclic compounds
1911	玛丽·居里(Marie Curie)	法国（原籍波兰）	发现元素镭和钋 Discovery of radium and polonium

续表

年份	姓　　名	国籍	主　要　贡　献
1912	格林尼亚(Grignard)	法国	发现格氏试剂 Grignard's reagent
	萨巴蒂埃(Sabatier)	法国	发明了用金属催化有机化合物加氢反应的方法 Hydrogenation of organic compounds in the presence of finely divided metals
1913	维尔纳(Werner)	瑞士	提出分子结构的配位理论 Coordination theory of molecular structure
1914	理查兹(Theodore William Richards)	美国	精密测定了多种元素的相对原子质量 Determination of atomic weights
1915	维尔斯泰特(Willstater)	德国	对植物色素尤其是叶绿素的研究 Investigation of plant pigments, particularly of chlorophyll
1916	无		
1917	无		
1918	哈伯(Haber)	德国	发明由氮气和氢气合成氨的方法 Synthesis of ammonia from its elements
1919	无		
1920	能斯特(Nernst)	德国	对热化学的研究 Studies on thermodynamics
1921	索迪(Soddy)	英国	对放射性化学物质的研究及对同位素起源与性质的研究 Chemistry of radioactive substances, occurrence and nature of the isotopes
1922	阿斯顿(Aston)	英国	发现了许多非放射性元素的同位素,发明了质谱仪 Discovery of a large number of isotopes, mass spectrograph
1923	普雷格尔(Pregl)	奥地利	确立有机化合物的微量分析方法 Microanalysis of organic compounds
1924	无		
1925	齐格蒙迪(Zsigmondy)	德国	对胶体化学的研究 Colloid chemistry (ultramicroscope)
1926	斯维德伯格(Svedberg)	瑞典	分散系统的研究(超速离心机) Disperse systems (ultracentrifuge)

续表

年份	姓　　名	国籍	主要贡献
1927	维兰德(Wieland)	德国	发现胆酸及其化学结构 Constitution of bile acids
1928	温道斯(Windaus)	德国	对胆固醇及其和维生素(D)关系的研究 Study of sterols and their relation with vitamin(D)
1929	奥伊勒-切尔平(Euler-Chelpin)	瑞典	对糖发酵和发酵酶的研究 Studies on fermentation of sugars and enzymes
	哈登(Sir Harden)	英国	
1930	H. 费歇尔(H. Fischer)	德国	对血液和植物中色素的研究,合成了血红素 Studies on blood and plant pigments, synthesis of hemin
1931	贝吉乌斯(Bergius)	德国	发展了化学高压法 Development of chemical highpressure processes
	博许(Bosch)	德国	
1932	朗缪尔(Langmuir)	美国	对表面化学的研究 Studies of surface chemistry
1933	无		
1934	尤里(Urey)	美国	重氢(氘)的发现 Discovery of heavy hydrogen (deuterium)
1935	F.约里奥-居里(F. Joliot-Curie)	法国	合成出人工放射性元素 Synthesis of new radioactive elements (artificial radioactivity)
	I.约里奥-居里(I. Joliot-Curie)	法国	
1936	德拜(P. Debye)	荷兰	提出了极性分子理论,确定了分子偶极距的测定方法 Studies on dipole moments and the diffraction of X rays and electron beams by gases
1937	霍沃斯(Sir Haworth)	英国	对糖类和维生素 C 的研究 Studies on carbohydrates and vitamin C
	卡勒(Karrer)	瑞士	对类胡萝卜素,维生素 A 和 B_2 的研究 Studies on carotenoids, vitamin A and B_2
1938	库恩(Kuhn)	德国 (原籍奥地利)	对类胡萝卜素和维生素方面的研究 Studies on carotenoids and vitamins
1939	布特南特(Butenandt)	德国	在性激素方面的研究 Studies on sexual hormones

续表

年份	姓　　名	国籍	主　要　贡　献
	鲁兹卡(Ruzicka)	瑞士(原籍南斯拉夫)	在聚亚甲基多碳原子大环和多萜烯方面的研究 Studies on polymethylenes and higher terpenes
1940	无		
1941	无		
1942	无		
1943	海韦西(Hevesy)	匈牙利	用同位素示踪原子进行化学过程研究 Application of isotopes as indicators in the investigation of chemical processes
1944	哈恩(Hahn)	德国	重核裂变的发现 Discovery of the nuclear fission of atoms
1945	威尔塔宁(Virtanen)	芬兰	对农业化学和食品化学领域的研究,特别是对饲料储存方法的贡献 Discoveries in the area of agricultural and food chemistry, method of preservation of fodder
1946	诺恩罗普(Northrop)	美国	制取晶酶和纯病毒蛋白质 Preparation of enzymes and virus pro-teins in pure form
1946	斯坦利(Stanley)	美国	
1946	萨姆纳(Sumner)	美国	发现酶类的结晶法 Crystallizability of enzymes
1947	罗宾逊(Sir Robinson)	英国	对植物碱的研究 Studies on alkaloids
1948	蒂斯留斯(Tiselius)	瑞典	对电泳和吸附的分析,发现血清蛋白 Analysis by means of electrophoresis and adsorption, discoveries about serum pro-teins
1949	吉奥克(Giauque)	美国	对化学热力学的贡献,尤其是对超低温下物质性质的研究 Contributions to chemical thermodynamics, properties at extremely low temperatures (adiabatic demagnetization)
1950	阿尔德(Alder)	德国	双烯合成反应(Diels-Alder 反应)的发展 Development of the diene synthesis
1950	迪尔斯(Diels)	德国	

续表

年份	姓　名	国籍	主要贡献
1951	麦克米伦(McMillan)	美国	人工合成超铀元素的研究成果
	西博格(Seaborg)	美国	Discoveries in the chemistry of transuranium elements
1952	马丁(Martin)	英国	色层分析法的发明
	辛格(Synge)	英国	Invention of distribution chromatography
1953	斯陶丁格(Staudinger)	德国	高分子化学领域的研究 Discoveries in the area of macromolecular chemistry
1954	鲍林(Pauling)	美国	对化学键性质的研究(蛋白质的分子结构) Studies on the nature of the chemical bond (molecular structure of proteins)
1955	杜·维尼奥(Du Vigneaud)	美国	多肽激素的合成 Synthesis of a polypeptide hormone
1956	欣谢尔伍德(Sir Hinshelwood)	英国	化学反应机理的研究 Mechanisms of chemical reactions
	谢苗诺夫(Semyonov)	苏联	
1957	托德(Sir Todd)	英国	核苷酸与核苷酸辅酶的研究 Studies on nucleotides and their coenzyme
1958	桑格(Sanger)	英国	对蛋白质结构,特别是胰岛素分子结构的研究 Structure of proteins, especially of insulin
1959	海洛夫斯基(Heyrovsky)	捷克斯洛伐克	发明极谱分析法 Polarography
1960	利比(Libby)	美国	用碳14同位素测定地质年代 Application of carbon 14 for age determinations (radiocarbon dating)
1961	卡尔文(Calvin)	美国	对植物中二氧化碳在光合作用中的同化作用的研究 Studies on the assimilation of carbonic acid by plants (photosynthesis)

续表

年份	姓　　名	国籍	主　要　贡　献
1962	肯德鲁(Kendrew)	英国	对球形白分子结构的研究 Studies on the structures of globulin proteins
	佩鲁茨(Perutz)	英国	
1963	纳塔(Natta)	意大利	对高分子化学和技术的研究 Studies of chemistry and technology of high polymers
	齐格勒(Ziegler)	德国	
1964	霍奇金(Hodgkin)	英国	用 X 射线衍射法测定生物学上重要大分子的结构 Structure determination of biologically important substances by means of X rays
1965	伍德沃德(Woodward)	美国	天然有机化合物的合成 Syntheses of nature products
1966	马利肯(Mulliken)	美国	用分子轨道理论对分子的化学键和电子结构进行的研究 Studies on chemical bonds and the electron structure of molecules by means of the orbital method
1967	艾根(Eigen)	德国	对快速化学反应的研究 Investigations of extremely fast chemical reactions
	波特(Porter)	英国	
	诺利什(Norrish)	英国	
1968	昂萨格(Onsager)	美国	对不可逆过程热力学的研究 Studies on the thermodynamics of irreversible processes
1969	哈塞尔(Hassel)	挪威	对分子空间构象概念的发展 Development of the concept of confomation
	巴顿(Barton)	英国	
1970	勒卢瓦尔(Leloir)	阿根廷	发现了糖核苷酸及其在糖类生物合成中的作用 Discovery of sugar nucleotides and theitrole in the biosynthesis of carbohydraates
1971	赫兹伯格(Herzberg)	加拿大	对分子尤其是自由基的电子结构和几何构造的研究 Electron structure and geometry of molecules, particularly of free radicals

续表

年份	姓　　名	国籍	主　要　贡　献
1972	安芬森（Anfinsen）	美国	对核糖核酸酶活性中心的研究 Studies on the active center of ribonuclease
	摩尔（Moore）	美国	
	斯坦（Stein）	美国	
1973	费歇尔（Fischer）	德国	对金属有机化合物夹心结构的研究 Chemistry of metal-organic sandwich compounds
	威尔金森（Wilkinson）	英国	
1974	弗洛里（Flory）	美国	对高分子物理化学的研究 Physical chemistry of macromolecules
1975	康福斯（Cornforth）	英国	对有机分子和反应的立体化学研究 Studies on the stereochemistry of organic molecules and reactions
	普雷洛格（Prelog）	瑞士（原籍南斯拉夫）	
1976	利普斯科姆（Lipscomb）	美国	对有机硼化物结构的研究 Studies of structure of boranes
1977	普利戈金（Prigogine）	比利时	对非平衡态热力学尤其是耗散结构理论的研究 Contributions to the thermodynamics of irreversible processes, particularly to the theory of dissipative structures
1978	米切尔（Mitchell）	英国	运用化学渗透理论对生物能转换的研究 Studies of biological energy transfer, development of the chemiosmotic theory
1979	维提希（Wittig）	德国	发展了对有机硼和有机磷化合物的研究 Development of organic boron and phosphorus compounds
	布朗（Brown）	美国（原籍英国）	

年份	姓　名	国籍	主要贡献
1980	伯格（Berg）	美国	对核酸的生物化学研究，特别是对 DNA 重组的研究 Studies on the biochemistry of nucleicacids, particularly hybird DNA
	吉尔伯特（Gilbert）	美国	发现了确定 DNA 内核酸排列顺序的方法 Determination of base sequences in nucleic acids
	桑格（Sanger）	英国	
1981	福井谦一（Fukui Kenichi）	日本	提出了化学反应的前线轨道理论 Theories on the progress of chemical reactions (frontier orbital theory)
	霍夫曼（Hoffmann）	美国	
1982	克卢格（Klug）	英国	结合电子显微镜学和衍射法原理，创造了"相重组技术"，揭示了细胞内重要遗传物质的详细结构 Development of crystallographic methods, for the elucidation of biologically important nucleic acid protein complexes
1983	陶布（Taube）	美国（原籍加拿大）	对金属配位化合物电子转移机理的研究 Reaction mechanisms of electron transfer, especially with metal complexes
1984	梅里菲尔德（Merrifield）	美国	发明了固相多肽合成法 Methods for the preparation of peptides and proteins
1985	豪普特曼（Hauptman）	美国	发展了晶体结构的直接测定方法 Development of direct method of determination of crystal structure
	卡尔勒（Karle）	美国	
1986	波拉尼（Polanyi）	加拿大（原籍德国）	对微观动力学的研究 Dynamics of chemical elements processes
	赫西巴赫（Herschbach）	美国	
	李远哲（Yuan Tseh Lee）	美国（美籍华人）	

续表

年份	姓　　名	国籍	主　要　贡　献
1987	克拉姆(Cram)	美国	对主客体化学的研究 Development of molecules with structure-specific interactions of high selectivity
	佩德森(Pedersen)	美国	
	莱恩(Lehn)	法国	
1988	戴森霍费尔(Deisehofer)	德国	对细菌光合成反应中心的研究 Studies of dimentional structure of a photosynthetic reaction center
	胡贝尔(Huber)	德国	
	米歇尔(Michel)	德国	
1989	奥尔特曼(Altman)	加拿大	对核糖核酸(RNA)催化性能方面的研究 Discovery of the catalytic properties of ribonucleic acid (RNA)
	切赫(Cech)	美国	
1990	科里(Corey)	美国	提出了有机合成的逆合成分析法 Development of novel methods for the synthesis of complex natural compounds(retrosynthetic analysis)
1991	恩斯特(Ernst)	瑞士	发展了高分辨核磁共振波谱学方法 Development of high resolution nuclear magnetic resonance spectroscopy(NMR)
1992	马库斯(Marcus)	美国	对电子转移理论的研究 Theories of electron transfer
1993	穆利斯(Mullis)	美国	发明了聚合酶链反应 Invention of the polymerase chain reaction(PCR)
	史密斯(Smith)	加拿大	发明了寡聚核苷酸定点诱变技术 Development of site specific mutagenesis
1994	欧拉(Olah)	美国(原籍匈牙利)	对碳正离子化学的研究 Studies of carbocations
1995	克鲁岑(Crutzen)	荷兰	对大气化学的研究,尤其是对臭氧层形成和分解的研究 Work in atmospheric chemistry, particularly concerning the formation and decomposition of ozone
	莫利纳(Molina)	墨西哥	
	罗兰(Rowland)	美国	

续表

年份	姓 名	国籍	主 要 贡 献
1996	柯尔(Curl)	美国	发现富勒烯 Discovery of fullerenes
	克罗托(Kroto)	英国	
	斯莫利(Smalley)	美国	
1997	博耶(Boyer)	美国	对腺苷三磷酸(ATP)酶机理的研究 Elucidation of the enzymatic mechanism underlying the synthesis of adenosine triphosphate(ATP)
	沃克(Walker)	英国	
	斯科(Skou)	丹麦	
1998	科恩(Kohn)	美国(原籍奥地利)	对密度泛函理论的发展 Development of the density functional theory
	波普(Pople)	英国	对量子化学计算方法的发展(Gaussian 程序) Development of computational methods in quantum chemistry(Gaussian computer programs)
1999	泽维尔(Zewail)	美国	用飞秒光谱对化学反应过渡态的研究 Study of the transition states of chemical reactions using femtosecond spectroscopy
2000	黑格(Heeger)	美国	发现了导电聚合物 Discovery and development of conductive polymers
	麦克迪尔米德(MacDiarmid)	美国	
	白川英树(Hideki Shirakawa)	日本	
2001	诺尔斯(Knowles)	美国	在不对称催化氢化反应领域取得重大成就 Work on chirally catalysed hydrogenation reactions
	夏普莱斯(Sharpless)	美国	
	野依良治(Ryoji Noyori)	日本	
2002	芬恩(Fenn)	美国	发明了对生物大分子进行确认和结构分析、质谱分析的方法 Development of methods for identification and structure analysis of biological macromolecules
	田中耕一(Koichi Tanaka)	日本	
	维特里希(Wüthrich)	瑞士	
2003	阿格雷(Agre) 麦金农(MacKinnon)	美国	在细胞膜通道方面做出了开创性贡献 Discovery on cell membrane channels in cell membranes

续表

年份	姓 名	国籍	主 要 贡 献
2004	切哈诺沃(Ciechanover)	以色列	发现了泛素调节的蛋白质降解 Discovery of ubiquitinrmediated protein
	赫尔什科(Hershko)	以色列	
	罗斯(Rose)	美国	
2005	肖万(Chauvin)	法国	在烯烃复分解反应研究方面做出巨大贡献 Development of the metathesis method in organic synthesis
	格拉布(Grubbs)	美国	
	施罗克(Schrock)	美国	
2006	科恩伯格(Kornberg)	美国	在真核转录的分子基础研究领域做出重大贡献 Studies of the molecular basis of eukaryotic transcription
2007	埃特尔(Ertl)	德国	在固体表面化学过程研究中做出的突破性贡献 Studies of chemical processes on solid surfaces
2008	下村脩(Osamu Shimomura)	日本	发现和改造了绿色荧光蛋白(GFP) Found and modified green fluorescent protein
	查尔菲(Chalfie)	美国	
	钱永健(Roger Yonchien Tsien)	美国	
2009	拉马克里希南(Ramakrishnan)	英国	对核糖体结构和功能方面的研究 Research on ribosome structure and function
	施泰茨(Steitz)	美国	
	约纳特(Yonath)	以色列	
2010	赫克(Heck)	美国	对有机合成中钯催化偶联反应的研究 Study on palladium catalyzed coupling reaction in organic synthesis
	根岸英一(Ei-ichi Negishi)	日本	
	铃木章(Akira Suzuki)	日本	
2011	谢赫特曼(Shechtman)	以色列	准晶体的发现 Discovery of quasicrystals
2012	莱夫科维茨(Lefkowitz)	美国	对G蛋白偶联受体的研究 Study on G protein coupled receptors
	科比尔卡(Kobilka)	美国	

续表

年份	姓 名	国籍	主要贡献
2013	卡普拉斯(Karplus)	美国	为复杂化学系统创造了多尺度模型 Created multi-scale models for complex chemical systems
	列维特(Levitt)	英国	
	瓦谢尔(Warshel)	美国	
2014	贝齐格(Bezig)	美国	在超分辨率荧光显微技术领域取得的成就 Achievements in the field of super resolution fluorescence microscopy
	赫尔(Hull)	德国	
	莫尔纳尔(Moerner)	美国	
2015	林达尔(Lindahl)	瑞典 英国	DNA修复的细胞机制方面的研究 Study of the cellular mechanisms of DNA repair
	莫德里奇(Modrich)	美国	
	桑贾尔(Sancar)	土耳其 美国	
2016	索瓦日(Sauvage)	法国	设计与合成分子机器的贡献 Contributions to the design and synthesis of molecular machines
	司徒塔特(Stoddart)	英国 美国	
	费林加(Feringa)	荷兰	
2017	杜波切特(Dubochet)	瑞士	开发冷冻电子显微镜用于溶液中生物分子的高分辨率结构测定 Development of cryoelectron microscopy for high-resolution structure determination of biomolecules in solution
	弗兰克(Frank)	德国	
	亨德森(Henderson)	英国	
2018	阿诺德(Arnold)	美国	酶的定向演化以及用于多肽和抗体的噬菌体展示技术 Directed evolution of enzymes and phage display techniques for peptides and antibodies
	史密斯(Smith)	英国	
	温特尔(Winter)	美国	
2019	古迪纳夫(Goodenough)	美国	在锂离子电池研发领域的贡献 Contribution to the research and development of lithium-ion batteries
	惠廷厄姆(Whittingham)	英国	
	吉野彰(Akira Yoshino)	日本	
2020	沙尔庞捷(Charpentier)	法国	开发了一种基因组编辑方法 Development of a genome editing method
	道德纳(Doudna)	美国	
2021	李斯特(List)	德国	开发出有机不对称催化 Development of organic asymmetric catalysis
	麦克米伦(MacMillan)	美国	

续表

年份	姓　名	国籍	主　要　贡　献
2022	梅尔达尔(Meldal)	丹麦	为链接化学和生物正交化学做出的贡献 Contribution to linking chemistry and biological orthogonality
	贝尔托齐(Bertozzi)	美国	
	夏普莱斯(Sharpless)	美国	

参考文献

[1] Poliakoff M, Fitzpatrick J M, Farren T R, et al. Green chemistry: science and politics of change. Science, 2002, 297(5582): 807-810.
[2] 王明华, 周永秋等. 化学与现代文明. 杭州: 浙江大学出版社, 1998.
[3] 唐志华. 生命元素图谱与化学元素周期表. 广东微量元素科学, 2002, 8(2): 1-4.
[4] 赵丽荣. 微量元素与人体健康. 科教文汇(上旬刊), 2009.
[5] 施开亮. 环境、化学与人类健康. 北京: 化学工业出版社, 2002.
[6] 周天泽. 现代生活化学. 北京: 首都师范大学出版社, 1997.
[7] 杨家玲. 绿色化学与技术. 北京: 北京邮电大学出版社, 2001.
[8] 何晓春. 化学与生活. 北京: 化学工业出版社, 2013.
[9] 刘旦初. 化学与人类. 上海: 复旦大学出版社, 2012.
[10] 柳一鸣. 化学与人类生活. 北京: 化学工业出版社, 2011.
[11] 陈军, 陶占良. 能源化学. 北京: 化学工业出版社, 2004.
[12] 戴立益. 我们周围的化学. 上海: 华东师范大学出版社, 2002.
[13] (美)R·布里斯罗著, 华彤文等译. 化学的今天和明天. 北京: 科学出版社, 1998.
[14] 周公度. 化学是什么. 北京: 北京大学出版社, 2011.
[15] 李奇, 陈光巨. 材料化学(第2版). 北京: 高等教育出版社, 2010.
[16] 陈亮. 人与环境. 北京: 中国环境科学出版社, 2009.
[17] 寇元. 魅力化学. 北京: 北京大学出版社, 2010.
[18] Chalfie M, Tu Y, Euskirchen G, et al. Green fluorescent protein as a marker for gene expression. Science, 1994, 263(5148): 802−805.
[19] 张萍. 我国绿色食品现状及展望. 石河子科技, 2008, 5: 12-14.
[20] 周小力. 化学与生活. 北京: 中国电力出版社, 2010.